WFT

Werkstoff-Forschung und -Technik
Herausgegeben von B. Ilschner
Band 1

E. Sommer

Bruchmechanische Bewertung von Oberflächenrissen

Grundlagen, Experimente, Anwendungen

Mit 81 Abbildungen

Springer-Verlag Berlin Heidelberg GmbH 1984

Dr. rer. nat. Erwin Sommer
Leiter des Fraunhofer-Instituts für Werkstoffmechanik, Freiburg

Dr. rer. nat. Bernhard Ilschner
o. Professor, Laboratoire de métallurgie mécanique
École Polytechnique Fédérale de Lausanne

CIP-Kurztitelaufnahme der Deutschen Bibliothek
Sommer, Erwin:
Bruchmechanische Bewertung von Oberflächenrissen:
Grundlagen, Experimente, Anwendungen / E. Sommer.

(Werkstoff-Forschung und -Technik; Bd. 1)

ISBN 978-3-662-06176-3 ISBN 978-3-662-06175-6 (eBook)
DOI 10.1007/978-3-662-06175-6

NE: GT

2362/3020-543210

Geleitwort des Herausgebers

Die neue Buchreihe "WFT/Werkstoff-Forschung und -Technik" wendet sich an Ingenieure, die Werkstoffe herstellen, verarbeiten, anwenden und prüfen, an Hüttenleute, Metallkundler, Keramiker, an Maschinen- und Fahrzeugbauer, an Physiker und Chemiker mit dem Arbeitsschwerpunkt "Festkörper" und schließlich an Studierende mit diesen Berufsperspektiven.

"WFT" ist zwar neu, hat aber einen traditionsreichen Vorläufer: die von Werner Köster über mehrere Jahrzehnte hinweg herausgeberisch betreute Reihe "Reine und Angewandte Metallkunde in Einzeldarstellungen". Aus ihr ist 1980 die für den internationalen Buchmarkt bestimmte englischsprachige Reihe "MRE/Materials Research and Engineering" hervorgegangen, die inzwischen neben dem Unterzeichner in Professor N.J. Grant vom Massachusetts Institute of Technology einen amerikanischen Mitherausgeber erhalten hat.

Bald nach Erscheinen der ersten Bände wurde aber der Wunsch laut, die Tradition der alten metallkundlichen Reihe des Springer-Verlages auch für denjenigen Leserkreis weiterzuführen, der deutschsprachige Fachliteratur bevorzugt. Dieser Kreis ist zwar zahlenmäßig kleiner als der für englischsprachige Veröffentlichungen, sein Gewicht als Träger großer und fortschrittlicher Entwicklungen auf allen Gebieten der Werkstofftechnik rechtfertigt gleichwohl die Herausgabe der neuen Reihe. So wird "WFT/Werkstoff-Forschung und -Technik" von nun an einschlägige Fachbücher von hohem wissenschaftlichen Niveau für den deutschen Sprachraum bereitstellen.

Die meisten der geplanten Bände werden sich mit den physikalisch-chemischen Grundlagen des Werkstoffverhaltens, laboratoriumsmäßigen Meß- und Prüfverfahren sowie modernen Technologien beschäftigen. Um besonderen Qualitätsansprüchen auch im Hinblick auf die Lesbarkeit gerecht zu werden, kommen in der Regel nur Abhandlungen "aus einer Hand" in Betracht, also keine Tagungsberichte. Grundlegende Themen mit langfristiger Bedeutung werden sich abwechseln mit solchen, die stärker spezialisiert, aber von hoher Aktualität sind. Metallische, keramische und Verbundwerkstoffe sollen in gleicher Weise Berücksichtigung finden, während Themen, die klar dem Bereich der Hochpolymeren zuzuordnen sind, ihren Platz wie bisher in anderen Reihen des Springer-Verlages haben. Monographien über die Geschichte der Werkstofftechnik, über die Wechselbeziehungen zwischen Werkstoff und Umwelt sowie Werkstoff und Gesellschaft sollen das Themenspektrum abrunden.

Monographische Darstellungen spielen angesichts der gegenwärtigen Überflutung mit Einzelinformationen aus regulären Fachzeitschriften, aus Konferenzberichten und halboffiziellen Mitteilungsblättern eine besonders wichtige Rolle: Sie bieten nicht allein aufgelistetes, sondern geistig verarbeitetes Sachwissen. Sie fassen die wichtigsten Erkenntnisse des jeweils behandelten Themenbereichs aus überlegener Warte zusammen und stellen damit die beste Plattform für weitere wesentliche Schritte dar. Den Autoren, die sich für diese Aufgabe zur Verfügung stellen und die sehr viel Arbeit investieren, gebührt der Dank des Herausgebers. Sie dürfen sich aber auch der Anerkennung durch die Fachwelt - dem Nutznießer dieser Mühe - gewiß sein.

Lausanne, im März 1984 Bernhard Ilschner

Vorwort

Sicherheit und Verfügbarkeit sind unabdingbare Eigenschaften moderner technischer Anlagen und Konstruktionen. Konzepte für ihre Bewertung müssen den - aus Gründen des Fortschritts, der Wirtschaftlichkeit und der Umweltpolitik - ständig steigenden Anforderungen gewachsen sein. Die vorliegende Arbeit versucht, zur Weiterentwicklung derartiger Bewertungskonzepte beizutragen.

Ein Konzept, das die mechanische Sicherheit von Bauteilen gewährleisten soll, hat üblicherweise den vollständigen Ausschluß eines Versagens zum Ziel. Die Bewertbarkeit von Versagensvorgängen ist hierfür eine notwendige Voraussetzung. Die Schwierigkeit bei der Aufstellung von Bewertungskonzepten besteht darin, den Versagensprozeß charakterisierende Beanspruchungsgrößen und -kriterien zu finden. Erst die Konzepte der Bruchmechanik genügen diesem Anspruch: die Versagensauslösung wird auf ein Zusammenwirken örtlicher Beanspruchungsbedingungen und Werkstoffeigenschaften in der Umgebung von Fehlerstellen zurückgeführt. Fehlerstellen, denen in der Technik eine besondere Bedeutung zukommt, sind Oberflächenfehler, weil Oberflächen von Bauteilen und Komponenten herstellungs-, fertigungs- und einsatzbedingt den meisten Schadeinflüssen ausgesetzt sind.

Die Methoden der Bruchmechanik haben in den vergangenen Jahrzehnten für die quantitative Beschreibung von Versagensvorgängen eine Reihe neuer Zugänge und Möglichkeiten eröffnet. Ihre Lösungsansätze fußen auf den - kontinuumsmechanisch für einen Bruchprozess relevanten - Parametern, weisen aber wegen der Vielzahl möglicher Einflußgrößen einen hohen Abstraktionsgrad auf. Deshalb zeichnen sich die erzielten Ergebnisse durch eine hohe Aussageschärfe - allerdings nur in eng begrenzten Gültigkeitsbereichen - aus. Dem Anwender erscheinen diese Grenzen häufig zu eng und die Methoden selbst zu kompliziert. Trotz dieser berechtigten Kritik wäre es leichtfertig, die Anwendungsmöglichkeiten bruchmechanischer Konzepte nicht weiter auszuloten. Denn gemessen an der Aussagekraft von Alternativkonzepten - etwa zur Bewertung von Sicherheitsmargen oder zur Abschätzung von Restlebensdauern - ist deren Leistungsfähigkeit ungleich höher.

Freiburg, im März 1984

Erwin Sommer

Liste häufig verwendeter Symbole

Die Regel, ein Symbol nur einer Größe zuzuordnen, wurde in Einzelfällen durchbrochen - entweder aus Gründen eingeführter Bezeichnungskonventionen oder aus Mangel an neuen Bezeichnungen - insbesondere dann, wenn Symbole nur im eng begrenzten Zusammenhang eines Abschnitts vorkommen.

a	=	Rißradius, Rißtiefe, kleine Halbachse der Ellipse
A	=	Rißfläche
A_v	=	Kerbschlagarbeit
c	=	Rißbreite, große Halbachse der Ellipse
E	=	Elastizitätsmodul
E_2	=	$E_2(a/c)$ = vollständiges elliptisches Integral 2. Art
$F_{ik}(\Theta)$	=	Winkelfunktionen
$F_{b,m}$	=	I. Korrekturfunktion für b = Biegung, m = Zug
G_I	=	Energiefreisetzungsrate
J	=	wegunabhängiges Energieintegral
K_I	=	Spannungsfaktor
		IT für den Tunnelriß
		IK für den Kreisriß
		IE für den elliptischen Innenriß
		IO für den Oberflächenriß
		IOm für den Oberflächenriß unter Zug
		IOb für den Oberflächenriß unter Biegung
		IOg für den Oberflächenriß unter inhomogener Beanspruchung
K_{Ic}	=	Bruchzähigkeit

M	=	Biegemoment
$M_{b,m,g}$	=	2. Korrekturfunktion für
		b = Biegung, m = Zug, g = Gradientenbeanspruchung
n	=	1. Exponent im Rißfortschrittsgesetz
		2. Verfestigungsexponent
N	=	Anzahl der Lastwechsel
p_i	=	Innendruck
q	=	Mehrachsigkeitsquotient
r	=	Abstandskoordinate von der Rißfront
r_o	=	Größe der Prozesszone
R	=	Bruchwiderstand
$\bar{R}$	=	Verhältnis von Unter- zu Oberlast
$R_{a,i}$	=	Außen-, Innenradius eines Rohres
$R_{p0,2}$	=	0,2 %-Dehngrenze
R_m	=	Zugfestigkeit
t	=	Probendicke
u, v, w	=	Verschiebungen
$2w$	=	Probenbreite
δ	=	Rißspitzenaufweitung
Δi	=	Zuwachs der Größe i
Θ	=	Winkel in der Ebene $\perp$ zur Rißfront
Φ	=	Winkel in der Rißebene
ϕ	=	Zylinderkoordinate/Rohr
ν	=	Poissonzahl
ρ	=	$1 + r/a$ = relative Abstandskoordinate
σ_{ik}	=	lokale Spannungskomponenten
σ_H	=	mittlere Hauptnormalspannung
σ_v	=	Vergleichsspannung
σ_F	=	Fließspannung

Inhaltsverzeichnis

1 Einleitung

> "Benvenuto Cellini macht die vortreffliche Bemerkung: Schaden macht nicht klug, weil der neue sich immer unter einer verschiedenen Form ankündige. Dieses kenne ich aus eigener Erfahrung." -

diese vor etwa 200 Jahren von Georg Christoph Lichtenberg in seinen Aphorismen niedergeschriebene Ansicht scheint im Widerspruch zu der Arbeitsgrundlage der heutigen Schadensforschung zu stehen, wirft aber in Wirklichkeit nur ein Schlaglicht auf eine ihrer Hauptschwierigkeiten:

> Schäden entstehen durch das Zusammenwirken einer Vielzahl von Einflußgrößen. Dadurch bedingt sind gleichartige Abläufe tatsächlich selten und deren quantitative Beschreibung selbst unter vereinfachenden Bedingungen mit hohem Aufwand verbunden.

So ist es sicherlich schwierig, aus Schaden klug zu werden, aber gewiß klug, schon aus Wirtschaftlichkeitsüberlegungen und aus Furcht vor schwerwiegenden Konsequenzen, Kriterien zur Vermeidung von Schäden aufzustellen. Diese Aufgabe ist einfacher als die Analyse von Schäden, weil sie mit Methoden gelöst werden kann, deren Aufwand der geforderten Aussagegenauigkeit anpaßbar ist.

Ein Teilaspekt dieses Problemkreises deckt das Gebiet der Bruchmechanik ab mit dem Ziel, aus der Analyse von Bruch- und Versagensvorgängen Maßstäbe für deren Vermeidung und damit Maßstäbe für die

Quantifizierung von Sicherheitsreserven beim Einsatz von Bauteilen und Konstruktionen unter Betriebsbeanspruchungen aufzustellen. Der Einsatz und die Ausbreitung von Bruchvorgängen wird bekanntlich im wesentlichen durch das Zusammenspiel von mechanischen Beanspruchungen, Werkstoffeigenschaften und Fehlerstellen bestimmt. Da Brüche bevorzugt an der Oberfläche oder dicht unter der Oberfläche von Bauteilen beginnen, sollte ein Instrumentarium zu ihrer Beurteilung vorhanden sein.

Das Ziel der vorliegenden Arbeit ist deshalb, einen Überblick über den erreichten Wissensstand zur Beschreibung der Ausbreitung von Oberflächenrissen zu vermitteln. Für diesen Zweck werden fremde und eigene Ergebnisse zusammengetragen. Richtungsweisend für die eigenen - experimentell ausgerichteten - Untersuchungen (Schwerpunkt des Abschnitts 3) war dabei die Vorstellung, die Übertragbarkeit bruchmechanischer Methoden, die sich besonders zur Bewertung von Makrorissen in ebenen Fällen bewährt haben, auf Rißsysteme unter komplexen, aber bauteilgerechten Bedingungen zu beweisen. Ausgehend von der Erfahrung, daß kein Bauteil fehlerfrei herzustellen ist, werden Oberflächenrisse als gefährlichste Umschreibung von Fehlerstellen angesehen, die ein Versagen auslösen können.

Um den Grad der Gefährdung eines Bauteils durch das Vorhandensein derartiger Fehlerstellen beurteilen zu können, ist es deshalb notwendig

- die örtlichen Beanspruchungen entlang der Kontur von Oberflächenrissen unter verschiedensten Geometrie- und Lastbedingungen zu kennen
- die den Brucheinsatz und die Bruchausbreitung solcher Risse steuernden Einflußgrößen aufzuzeigen.

Ein besonderes Anliegen der eigenen Untersuchungen ist hierbei der Nachweis, daß die örtliche Variation des Bruchwiderstandes entlang der Rißkontur vom dort herrschenden Beanspruchungszustand abhängt (s. 2.1.1.2) und einen wesentlichen Einfluß auf die Rißausbreitungscharakteristik haben kann.

2 Bereitstellung charakteristischer mechanischer Größen

Arbeitshypothese

Der Einsatz und die Ausbreitung eines von einem Oberflächenriß ausgelösten Versagensvorgangs wird durch die örtlich entlang der Rißkontur auftretenden Beanspruchungen gesteuert. Als Bewertungsmaßstäbe haben sich direkte und abgeleitete Größen wie die Rißuferverschiebungen, der Spannungsintensitätsfaktor, die Energiefreisetzungsrate und das J-Integral bewährt. Für die Reaktion des Werkstoffs (Verbrauch) auf die Beanspruchung (Anlieferung) ist der lokale Beanspruchungszustand von Bedeutung. Als Bewertungsmaßstab ist der Mehrachsigkeitsquotient dienlich.

Ausgangssituation

Die lokalen Beanspruchungen sind für einen vorgegebenen Werkstoff bekanntlich abhängig von dessen mechanischen Eigenschaften, der Belastung und der Geometrie des Bauteils, das den Riß enthält, der Rißgeometrie, sowie weiteren Parametern wie Temperatur, Beanspruchungsgeschwindigkeit, umgebendem Medium, Zeit. Je größer die lokale Verformungsreserve des Werkstoffs ist, desto mehr werden infolge plastischer Verformungen Spannungsumlagerungen auftreten und desto größer wird das am Versagensvorgang beteiligte Volumen sein.

Da die Berechnung der Spannungs- und Verschiebungsverläufe im Umfeld von Oberflächenrissen ein kompliziertes 3D-Problem darstellt, sind nur Näherungslösungen verfügbar, die zudem mit großem Rechenaufwand an die jeweilige Situation angepaßt werden müssen. Die abgeleiteten Bewertungsmaßstäbe spiegeln diese Ungenauigkeit wider, ihre Ortsveränderlichkeit entlang der Rißkontur erschwert zudem die Übertragung der im ebenen Fall gewonnenen Ergebnisse.

Schritte zur Lösung

- Pragmatische Beschränkung auf Lösungen von Spannungsfaktorverteilungen, obwohl sie wegen der zugrundegelegten Idealisierungen - elastischen Werkstoffverhaltens, vereinfachter Riß- und Bauteilgeometrie - nur von begrenzter Bedeutung sein können
- Abstützung auf Lösungen im elastisch-plastischen Bereich, die zugunsten ihrer mathematischen Handhabbarkeit auf noch stärker vereinfachten Modellen fußen
- Übertragung von Brucheinsatz- und Bruchausbreitungskriterien aus dem zweidimensionalen, ebenen Fall angerissener Proben auf das dreidimensionale Problem des Oberflächenrisses.

Arbeitsziel

Die aus dem hohen Abstraktionsgrad der verwendeten kontinuumsmechanischen Modelle resultierenden Aussageunschärfen können nur durch einen ständigen Abgleich mit experimentellen Ergebnissen optimiert werden. Das Ziel dieses Abschnitts 2 ist, aus der Sicht des Experimentators die notwendigen mechanischen Größen im Hinblick auf die in den späteren Abschnitten diskutierten Ergebnisse bereitzustellen.

2.1. Spannungen und Verformungen im Umfeld von Oberflächenrissen unter Modus I-Belastung

2.1.1. bei linear-elastischem Verhalten

Zielsetzung:

- Bereitstellung von Gleichungen, die die Spannungen und Verformungen insbesondere im Nahfeld von Rissen beschreiben
- Charakterisierung örtlicher Beanspruchungszustände mit Hilfe des Mehrachsigkeitsquotienten im Hinblick auf deren Einfluß auf den Widerstand gegen Rißausbreitung.

2.1.1.1. Spannungsfeld

Unter den nachfolgend aufgeführten Voraussetzungen sind Lösungen für das beherrschende Nahfeld der Spannungen bei Rissen unter äußerer Belastung angebbar:

- Beschränkung der Beanspruchungsarten: z.B. Modus I, Beanspruchung $\perp$ Rißebene
- Vereinfachung der Rißgeometrie
  - Beschreibung der Rißkontur durch Halbkreis oder -ellipse (s. Abb. 2.1:1)
  - Beschreibung des Risses durch einen mathematischen Schnitt
- linear-elastisches Werkstoffverhalten; plastische Verformungen dürfen nur lokal in sehr begrenztem Umfang vorkommen
- Homogenität und Isotropie des Werkstoffs

Bei Beschränkung auf kleine Abstände von der Rißspitze r im Maß der Rißtiefe a ($r \ll a$) wird der resultierende starke Spannungsanstieg vor der Rißspitze im wesentlichen durch eine $1/\sqrt{r}$ -Singularität bestimmt.

Insgesamt lassen sich die Spannungen im Nahfeld durch Gleichungen folgender Art beschreiben [1 - 8]

$$\sigma_{ik} = \frac{K_I(\Phi)}{(2\pi r)^{1/2}} F_{ik}(\Theta) + \sigma_{ik}{}^{\circ} \qquad (2.1.:1)$$

Dabei ist :

$K_I(\Phi)$ = Spannungsintensitätsfaktor*, ein Koeffizient, der die Stärke des Spannungsanstiegs beschreibt

$F_{ik}(\Theta)$ = Winkelfunktion

$\sigma_{ik}{}^{\circ}$ = Konstante

unter der Voraussetzung, daß das Nahfeld dominiert, ist die Beanspruchung von Oberflächenrissen durch die Spannungsfaktorverteilung $K_I(\Phi)$ entlang der Rißkontur charakterisierbar. Die Bestimmung der $K_I(\Phi)$-Verteilung wird deshalb als Hauptaufgabe angesehen. Daß beim Einmünden einer Rißkontur auf eine freie Fläche örtlich ein anderes Singularitätsverhalten vorliegt [9], wird bei dieser Betrachtung vernachlässigt.

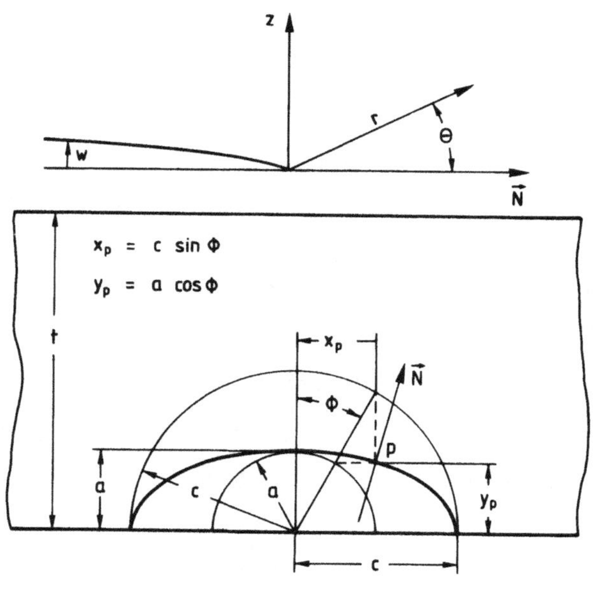

Abb. 2.1:1 : Prinzipskizze zur Erklärung der benutzten Symbole; halbelliptischer Oberflächenriß

In einfachen Fällen wie z.B. dem des unter einachsigem Zug σ_o stehenden kreisförmigen Innenrisses im unendlich ausgedehnten Medium ist neben der Näherungslösung (in Zylinderkoordinaten z, ρ, Φ) zumindest für das Ligament in der Ebene $z = O$ die vollständige Lösung [2] einfach angebbar:

Mit :

$K_{IK} = \frac{2}{\pi} \sigma_o (\pi a)^{1/2}$ = Spannungsfaktor für den Kreisriß,

a = Rißradius

$\rho = 1 + \frac{r}{a}$ (für $\Theta = O$)

ν = Poissonzahl,

folgt als

Näherungslösung :

$$\sigma_{zz} = \frac{K_{IK}}{(2\pi r)^{1/2}} \cos \frac{\Theta}{2} \{1 + \sin \frac{\Theta}{2} \sin \frac{3}{2} \Theta\}$$

$$\sigma_{\rho\rho} = \frac{K_{IK}}{(2\pi r)^{1/2}} \cos \frac{\Theta}{2} \{1 - \sin \frac{\Theta}{2} \sin \frac{3}{2} \Theta\} \qquad (2.1.:2)$$

$$\sigma_{\Phi\Phi} = \frac{K_{IK}}{(2\pi r)^{1/2}} 2\nu \cos \frac{\Theta}{2} = \nu(\sigma_{zz} + \sigma_{\rho\rho})$$

$$\sigma_{z\rho} = \frac{K_{IK}}{(2\pi r)^{1/2}} \cos \frac{\Theta}{2} \sin \frac{\Theta}{2} \cos \frac{3}{2} \Theta$$

---

* Im Folgenden wird abweichend vom üblichen Sprachgebrauch der Begriff "Spannungsfaktor" benutzt, weil K keine Intensitätsgröße ist (vgl. z.B. Abstrahlung einer Leistung in einen Raumwinkel).

vollständige Lösung:

$$\sigma_{zz}\big|_{z=0} = \frac{K_{IK}}{(\pi a)^{1/2}} \left[(\rho^2 - 1)^{-1/2} - \sin^{-1}\frac{1}{\rho} + \frac{\pi}{2}\right]$$

$$\sigma_{\rho\rho}\big|_{z=0} = \frac{K_{IK}}{(\pi a)^{1/2}} \left[(\rho^2 - 1)^{-1/2} - (\nu + \frac{1}{2})\sin^{-1}\frac{1}{\rho}\right]$$

(2.1.:3)

$$\sigma_{\Phi\Phi}\big|_{z=0} = \frac{K_{IK}}{(\pi a)^{1/2}} \left[2\nu(\rho^2 - 1)^{-1/2} - (\nu + \frac{1}{2})\sin^{-1}\frac{1}{\rho}\right]$$

$$\sigma_{z\rho}\big|_{z=0} = 0$$

Zur Veranschaulichung der Güte der Näherung sind in Tabelle (2.1.T1) beide Lösungen für kleine Relativabstände von der Rißspitze r/a miteinander verglichen. Dabei sind die Spannungen in normierter Form angegeben: $\sigma_{ik}(\pi a)^{1/2}/K_{IK} = \sigma_{ik}\,\pi/2\sigma_o$

Tabelle 2.1:T1 : Vergleich der Spannungsverläufe vor der Rißspitze eines kreisförmigen Risses unter Zug bei näherungsweiser und vollständiger Berechnung

r/a	normiert $\sigma_{zz}\|_{z=0}$		Abw.	normiert $\sigma_{\rho\rho}\|_{z=0}$		Abw.	normiert $\sigma_{\Phi\Phi}\|_{z=0}$		Abw.
	vollst.	näh.	%	vollst.	näh.	%	vollst.	näh.	%
0,0001	70,72	72,28	+ 2,2	69,46	70,71	+ 1,8	41,18	42,43	+ 3,0
0,001	22,40	23,93	+ 6,8	21,13	22,36	+ 5,8	12,19	13,42	+ 10,1
0,01	7,19	8,64	+ 20,2	5,91	7,07	+ 19,6	3,09	4,24	+ 37,2
0,05	3,43	4,73	+ 37,9	2,11	3,16	+ 49,8	0,87	1,90	+ 118,4
0,1	2,61	3,81	+ 46,0	1,27	2,24	+ 76,4	0,40	1,34	+ 238,4

Daraus resultierende Konsequenzen für die Anwendung

- Wenn für die Beurteilung des Bruchverhaltens realer Risse nur die Näherungslösung - das K-Konzept - benutzt wird, kann die Aussageunschärfe erheblich sein, weil die lokale Bruchprozesszone bereits deutlich unter dem Einfluß der Terme höherer Ordnung steht

- Das Bruchverhalten großer Risse läßt sich mit dem K-Konzept wesentlich präziser beschreiben als das von kleinen. Wird etwa angenommen, daß ein kurzer und ein langer Riß nach Erreichung des gleichen K-Wertes und Ausbildung einer gleichgroßen Bruchprozesszone r_o instabil werden, so ist wegen $(r_o/a)_{groß} < (r_o/a)_{klein}$ die Fehlerbetrachtung nach Tabelle 2.1:T1 maßgebend.
- Störungen infolge plastischen Fließens sind näherungsweise nach dem Tresca-Kriterium abschätzbar. Unter der Voraussetzung einer äußeren Belastung σ_o bis zur halben 0,2 %-Dehnungsgrenze $R_{p0,2}(\sigma_o/R_{p0,2} \leq 0,5)$ tritt lokal kein Fließen auf, wenn

$$(\sigma^n_{zz} - \sigma^n_{\Phi\Phi}) \approx R_{p0,2} \cdot \frac{\pi}{2\sigma_o} < \pi \qquad (2.1.:4)$$

d.h. im untersuchten Fall liegt linear elastisches Verhalten vor, solange $r/a > 0,01$ bleibt.

Im übrigen stimmt die in 2.1.2. angegebene Näherungslösung weitgehend mit der Lösung für den ebenen Fall - Modus I-Riß mit gerader Front in einer Scheibe - überein, wenn als Spannungsfaktor $K_{IT} = \sigma_o(\pi a)^{1/2}$ eingesetzt wird (vgl. auch Abb. 2.1:2). Der einzige Unterschied tritt in der Querspannung tangential zur Rißfront auf. Sie ist für den Fall des ebenen Spannungszustands (E S Z):

$\sigma_t = \sigma_{xx} = 0$

und des
ebenen Dehnungszustands (E D Z):

$$\sigma_t = \sigma_{xx} = \nu(\sigma_{zz} + \sigma_{yy}) \qquad (2.1.:5)$$

Da sich im ebenen Fall Unterschiede im Spannungszustand bekanntlich sehr stark auf die Brucheigenschaften auswirken, ist auch beim Oberflächenriß eine Rückwirkung zu vermuten. Dort wird der Spannungszustand etwa zwischen dem E S Z in Oberflächen - und dem E D Z in der Nähe des Scheitelpunkts $\Phi = 0$ liegen. Zusätzlich wird das Abklingen der Mehrachsigkeit des Spannungszustands mit zunehmendem Abstand von der Rißfront für das Rißausbreitungsverhalten von Bedeutung sein. In Ermangelung nur numerisch möglicher Lösungen für den Oberflächenriß sollen die wesentlichen Merkmale der örtlichen Variation der Mehrachsigkeit für den

- kreisförmigen Innenriß unter mehrachsiger, äußerer Zugbeanspruchung im Vergleich zum
- durchgehenden Tunnelriß unter Modus I-Beanspruchung diskutiert werden, weil für diese Fälle vollständige Lösungen angebbar sind [2].

2.1.1.2. Beanspruchungszustand im Maß des Mehrachsigkeitsquotienten

Zur Analyse mehrachsiger Beanspruchungszustände hat sich die von Hencky [10] angegebene Auftragung der v. Misesschen Vergleichsspannung

$$\sigma_v = 2^{-1/2} \{(\sigma_1 - \sigma_2)^2 + (\sigma_3 - \sigma_1)^2 + (\sigma_2 - \sigma_3)^2\}^{1/2} \qquad (2.1.:6)$$

über der mittleren Hauptnormalspannung

$$\sigma_H = (\sigma_1 + \sigma_2 + \sigma_3)/3 \qquad (2.1.:7)$$

bewährt. Spannungszustände gleicher Mehrachsigkeit, aber unterschiedlicher Höhe der Beanspruchung liegen in diesem Diagramm auf einer Geraden durch den Koordinatenursprung. Zur Charakterisierung des Mehrachsigkeitsgrades wurde deshalb von Clausmeyer [11] der Mehrachsigkeitsquotient

$$q = \sigma_v / 3^{1/2} \sigma_H \qquad (2.1.:8)$$

eingeführt. Der Mehrachsigkeitsquotient charakterisiert somit bei einem bestimmten Beanspruchungszustand das Verhältnis von Gestalt- zu Volumenänderungsenergie. Je kleiner er ist, d.h. je kleiner die Neigung der Geraden ist, desto geringere Verformungsreserve des Werkstoffs ist für diese Beanspruchungssituation zu erwarten [12, 13]. Zwei Grenzfälle aus den Näherungslösungen für den geraden Riß unter Modus I-Belastung mögen zur Veranschaulichung dienen:

Grenzfall E S Z: $\sigma_1 = \sigma_2$, $\sigma_3 = 0$
d.h.

$$\begin{aligned} \sigma_v &= \sigma_1 \\ \sigma_H &= 2\sigma_1/3 \\ q &= 3^{1/2}/2 = 0{,}866 \end{aligned} \qquad (2.1.:9)$$

Grenzfall E D Z: $\sigma_1 = \sigma_2$, $\sigma_3 = \nu(\sigma_1 + \sigma_2)$
d.h.

$$\begin{aligned} \sigma_v &= (1 - 2\nu)\sigma_1 \\ \sigma_H &= 2(1 + \nu)\sigma_1/3 \\ q &= 3^{1/2}(1 - 2\nu)/2(1 + \nu) = \\ &= 0{,}266 \quad (\text{wenn } \nu = 0{,}3) \end{aligned} \qquad (2.1.:10)$$

üblicherweise wird in der Bruchmechanik angenommen, daß der durch diese beiden Geraden im Mehrachsigkeits-Diagramm aufgespannte Winkelbereich alle wesentlichen örtlichen Beanspruchungssituationen überdeckt, die vor einem geraden Riß unter Modus I-Belastung in einer "dicken" Scheibe auftreten können.

Zur Untermauerung der in Abschnitt 3 diskutierten eigenen Untersuchungen zur Ortsabhängigkeit des Bruchwiderstandes wird die Veränderung des Mehrachsigkeitsquotienten bei komplexen Rißkonfigurationen als eine mögliche Ursache hierfür diskutiert [24]. Mit Hilfe der von Sneddon [2] angegebenen vollständigen Lösungen für die in Abb. 2.1:2 skizzierten Fälle lassen sich auf dem Ligament (Ebene $z = 0$) die Vergleichspannung örtlich in Abhängigkeit vom Relativabstand vom Rißzentrum und damit von der Rißfront $\rho = 1 + r/a$ exakt berechnen. Eine Übersicht dieser Lösungen ist in Tabelle 2.1:T2 zusammengestellt.

Tabelle 2.1:T2 : Normierte Spannungen auf dem Ligament ($z = 0$)

norm. Spann.	Tunnelriß	Kreisriß		
		Innendruck	einachs. Zug $\gamma = 0$	mehrachs. Zug $\gamma \neq 0$
σ_z :	$\rho(\rho^2-1)^{-1/2}$	$(\rho^2-1)^{-1/2} - \sin^{-1}\frac{1}{\rho}$	$[\ ] + \frac{\pi}{2}$	$[\ ] + \frac{\pi}{2}$
$\sigma_{y;\rho}$:	$\rho(\rho^2-1)^{-1/2}-1$	$(\rho^2-1)^{-1/2}-(\nu+\frac{1}{2})\sin^{-1}\frac{1}{\rho}$	$[\ ]$	$[\ ] + \gamma\frac{\pi}{2}$
$\sigma_{x;y}$:	$2\nu\rho(\rho^2-1)^{-1/2}-\nu$	$2\nu(\rho^2-1)^{-1/2}-(\nu+\frac{1}{2})\sin^{-1}\frac{1}{\rho}$	$[\ ]$	$[\ ] + \gamma\frac{\pi}{2}$

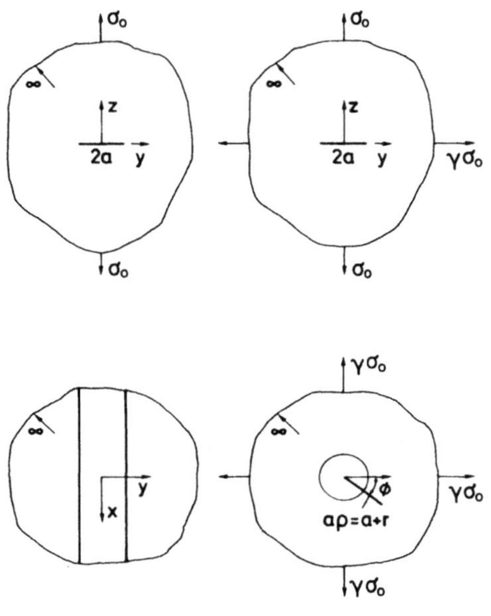

Abb. 2.1:2: Prinzipskizze; durchgehender Tunnelriß unter einachsiger Modus I-Beanspruchung und kreisförmiger Innenriß unter mehrachsiger Zugbelastung

Alle Spannungen werden auf den Quotienten

$$K_I/(\pi a)^{1/2} = \begin{cases} \sigma_0 & \text{für den Tunnelriß} \\ 2\sigma_0/\pi & \text{für den Kreisriß} \end{cases} \quad (2.1.:11)$$

normiert und können für das Gebiet $\rho > 1$, $z = 0$ berechnet werden.

Die für den Kreisriß unter einachsigem Zug resultierenden Vergleichsspannungen sind in Abb. 2.1:3 in Abhängigkeit des Relativabstands ρ im Vergleich zu denen des Tunnelrisses im EDZ und ESZ über den jeweiligen Hauptnormalspannungen aufgetragen. Das Diagramm veranschaulicht, daß

- die lokalen Beanspruchungszustände vor einem Tunnelriß durch den Winkelbereich, der für die Grenzfälle EDZ und ESZ aufgespannt ist, etwa beschrieben werden
- die Kurve für den Kreisriß den Winkelbereich quer durchschneidet als Zeichen für eine gering ausgeprägte und eine mit dem Relativabstand rasch abklingende Mehrachsigkeit.

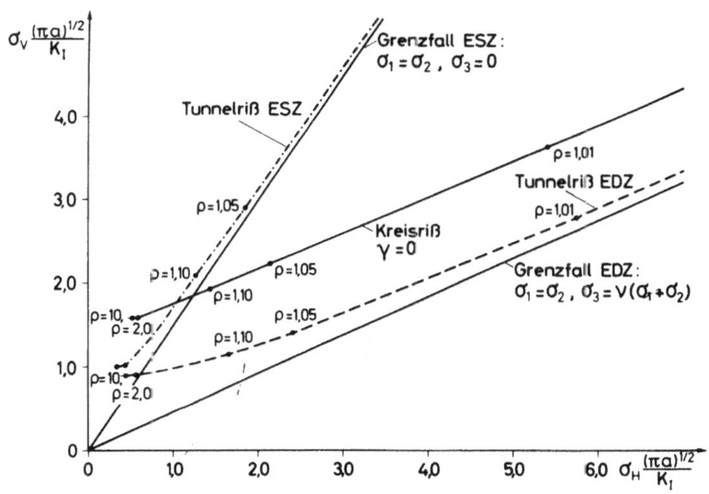

Abb. 2.1:3 : Mehrachsigkeitsdiagramm für den Kreisriß unter einachsigem Zug im Vergleich zum Tunnelriß im EDZ und ESZ

Ebenso deutlich ist dieser Sachverhalt aus Abb. 2.1:4 zu ersehen. Dort ist für die gleichen Situationen der Mehrachsigkeitsquotient q über dem Relativabstand ρ aufgetragen.

Daß die örtlich vor einem Kreisriß erreichbare Mehrachsigkeit bei anderen äußeren Belastungen des Kreisrisses wesentlich höher sein kann, beweisen die Auftragungen in Abb. 2.1:5 und 2.1:6. Denn der Vergleich

der verschiedenen Belastungsituationen zeigt für eine zunehmende seitliche Kreisrißbelastung $\gamma\sigma_0$ eine Verlagerung der zugehörigen Kurven in Gebiete höherer Mehrachsigkeit. Der diesen Kurven entsprechende Verlauf der Mehrachsigkeitsquotienten geht aus Abb. 2.1:6 hervor. Obwohl bei den dort zu findenden Beispielen für $\gamma = 4$ der kleinste Wert des Mehrachsigkeitsquotienten resultiert, ist die durch $\gamma = 2$ beschriebene Bedingung sicherlich die "gefährlichere", weil in diesem Fall der Mehrachsigkeitsquotient über einen größeren Bereich klein - z.B. für $1{,}005 < \rho < 1{,}08$ unter $q = 0{,}2$ - bleibt. Die Belastungssituation (σ_0, $2\sigma_0$) ist in Analogie zu einem Oberflächenriß zu sehen, der als Umfangsriß in einem Rohr etwa unter der Axialspannung σ_0 und der tangential zum Riß wirkenden Umfassungsspannung $2\sigma_0$ steht.
Die Übertragung dieser Ergebnisse auf den Fall eines Oberflächenrisses im Bauteil ist nur für randferne Elemente in der Nähe der Rißkontur mög-

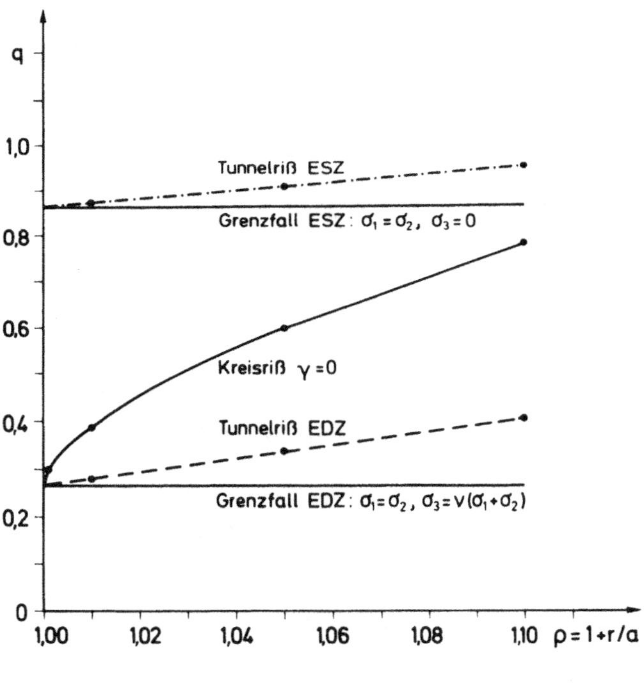

Abb. 2.1:4 : Mehrachsigkeitsquotient als Funktion des Relativabstands vom Rißzentrum für den Kreisriß unter einachsigem Zug und den Tunnelriß im EDZ und ESZ

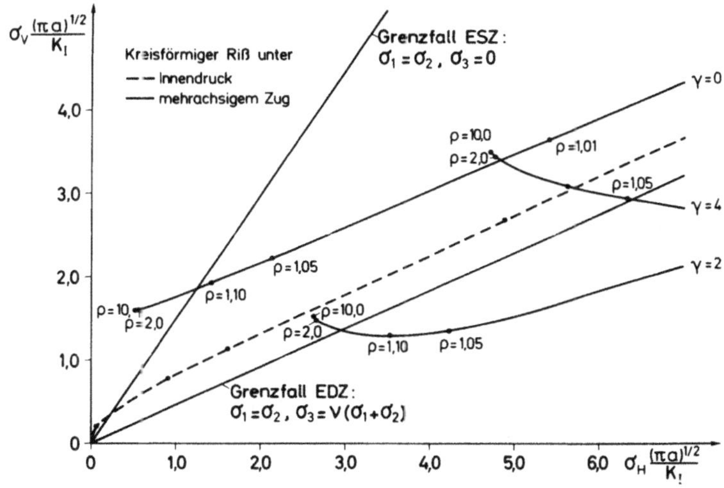

Abb. 2.1:5 : Mehrachsigkeitsdiagramm für den Kreisriß unter Innendruck und mehrachsigem Zug

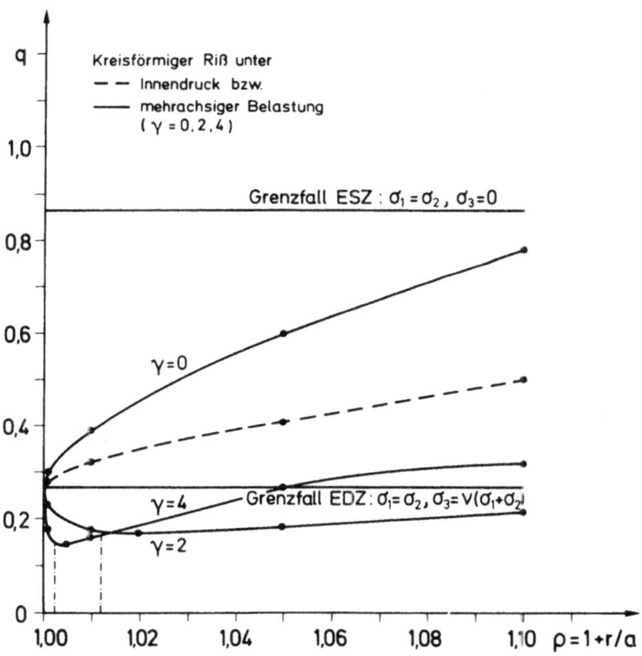

Abb. 2.1:6 : Mehrachsigkeitsquotient als Funktion des Relativabstands vom Rißzentrum für den Kreisriß unter Innendruck und mehrachsigem Zug

lich, weil sonst zusätzliche Spannungsumlagerungen als Folge der freien Oberflächen der Bauteilberandung zu berücksichtigen sind. Genaue Auskunft können nur numerische Rechnungen mit hohem Auflösungsgrad vermitteln.

Der örtlich vor einem Kreisriß resultierende Mehrachsigkeitsquotient ist als Funktion der Parameter γ und ρ zu diskutieren. Sein Minimum bezüglich γ ist durch die Gleichung

$$\gamma = \frac{1 + 2\nu}{2} + \frac{1 - 2\nu}{\pi} \sigma_1^N + \frac{(1 - 2\nu)^2}{\pi(\rho^2 - 1)\sigma_1^N} \qquad (2.1.:12)$$

mit

$$\sigma_1^N = (\rho^2 - 1)^{-1/2} - \sin^{-1} 1/\rho + \pi/2$$

bestimmt. Abb. 2.1:7 gibt für die jeweilige Mehrachsigkeit der äußeren Zugbelastung den Relativabstand des Minimums von q wieder.

Bei gleicher äußerer Belastungssituation (σ_o, $\gamma\sigma_o$) hängt q nur vom Relativabstand ρ ab. Das bedeutet beim Übergang auf Absolut-

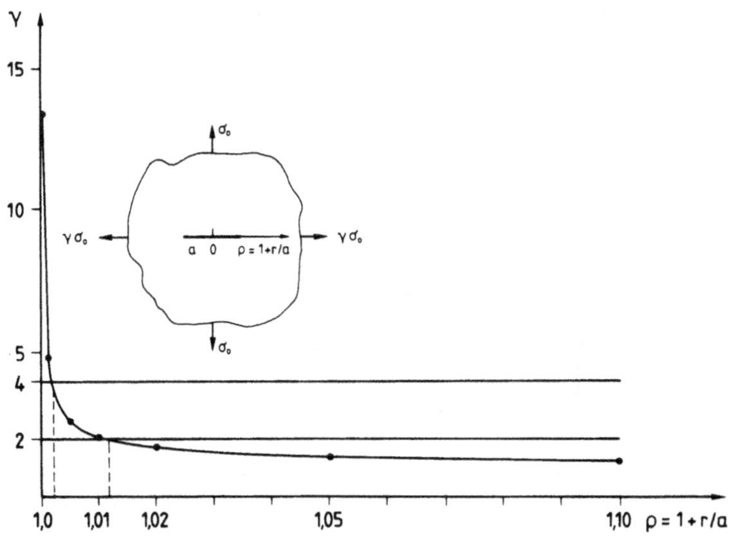

Abb. 2.1:7 : Lage des Minimums des Mehrachsigkeitsquotienten q(γ, ρ) bei mehrachsiger außenangelegter Zugbelastung des kreisförmigen Risses

abstände r von der Rißspitze, die für das Bruchverhalten allein maßgebend sind, für unterschiedliche Rißgrößen unterschiedliche q-Verläufe.

Aus der Übertragung dieser Argumentation auf den elliptischen Innenriß ist schon unter konstanter Zugbeanspruchung bei gleichem Abstand von der Rißkontur eine starke - tangentiale - Ortsabhängigkeit von q abzuleiten.

2.1.1.3. Verformungen

Im Umfeld der Rißkontur sind die Verformungen der Rißufer von größtem Interesse, weil sie meßbar sind. Die Öffnung eines Oberflächenrisses unter Modus I-Belastung in z-Richtung parallel zur Beanspruchungsrichtung läßt sich durch die folgende Gleichung als Funktion des Abstands r in Normalenrichtung von der Rißfront (s. Abb. 2.1:1) näherungsweise beschreiben:

$$2\,w = \frac{8\,K_{IO}}{E}\,(1-\nu^2)\,\left(\frac{r}{2\pi}\right)^{1/2}\,\left(1 + c_K\,\frac{r}{a}\right) \qquad (2.1.:13)$$

Dabei ist :

K_{IO} = Spannungsfaktor für den Oberflächenriß unter Modus I-Belastung

a = Rißtiefe, c = Rißbreite

E = Elastizitätsmodul

c_K = c_K (c/a) = Korrekturkonstante (in Abhängigkeit von der Probenbeanspruchung positiv oder negativ)

Diese Gleichung läßt sich aus der Analogie zum elliptischen Innenriß im unendlich ausgedehnten Medium unter einachsigem Zug senkrecht zur Rißebene [3] ableiten. Hierfür gilt:

$$2\,w = \frac{8\,K_{IE}}{E}\,(1-\nu^2)\,\left(\frac{r}{2\pi}\right)^{1/2} \begin{cases} \cdot\,\left(1-\frac{r}{2a}\right)^{1/2} & \text{vollständige Lösung} \\ \cdot\,\left(1-\frac{r}{4a}\right) & \text{Näherung} \end{cases} \qquad (2.1.:14)$$

mit

$$K_{IE} = \frac{\sigma_o(\pi\,a)^{1/2}}{E_2(a/c)}\,\left\{\frac{a^2}{c^2}\sin^2\Phi + \cos^2\Phi\right\}^{1/4} = \text{Spannungsfaktor}$$

für den elliptischen Innenriß unter Modus I-Belastung

$$E_2(a/c) = \int_0^{\pi/2} ((a/c)^2\sin^2\Phi + \cos^2\Phi)^{1/2}\,d\Phi = \text{Elliptisches Integral 2. Art}$$

In guter Näherung für $a/c \leq 1$ darstellbar (nach Rawe s. [14])

$$(E_2(a/c))^2 = 1 + 1{,}464\,(a/c)^{1{,}65}$$

Als Sonderfälle lassen sich aus Gleichung (2.1.:14) sofort ableiten :

1. Rißuferverschiebung eines Tunnelrisses unter Modus I-Belastung im EDZ (d.h. in Gleichung (2.1.:14) $c \to \infty$, $\Phi = 0$)

$$2\,w = \frac{8\,K_{IT}}{E}\,(1-\nu^2)\,\left(\frac{r}{2\pi}\right)^{1/2}\left(1-\frac{r}{4a}\right) \qquad (2.1.:15)$$

mit

$$K_{IT} = \sigma_o(\pi\,a)^{1/2}$$

2. Die Rißuferverschiebung eines kreisförmigen Innenrisses unter Modus I-Belastung (d.h. $a = c$)

$$2\,w = \frac{8\,K_{IK}}{E}\,(1-\nu^2)\,\left(\frac{r}{2\pi}\right)^{1/2}\left(1-\frac{r}{4a}\right) \qquad (2.1.:16)$$

mit

$$K_{IK} = \frac{2}{\pi}\,\sigma_o\,(\pi\,a)^{1/2}$$

3. Verschiebung der Rißufer auf den Halbachsen des elliptischen Innenrisses

$\underline{\Phi = 0°}$

$$2\,w = \frac{8\,K_{IE}(\Phi = 0°)}{E}\,(1 - \nu^2)\,\left(\frac{r}{2\pi}\right)^{1/2}\left(1 - \frac{r}{4a}\right) \qquad (2.1.:17)$$

mit

$$K_{IE}(\Phi = 0°) = \sigma_o(\pi\,a)^{1/2}$$

$\underline{\Phi = 90°}$

$$2\,w = \frac{8\,K_{IE}(\Phi = 90°)}{E}\,(1 - \nu^2)\,\left(\frac{r}{2\pi}\right)\left(1 - \frac{r}{4a}\right) \qquad (2.1.:18)$$

mit

$$K_{IE}(\Phi = 90°) = \sigma_o(\pi\,a)^{1/2}\,(a)c/^{1/2}/E_2(a/c)$$

Als Verhältnis der Spannungsfaktoren in den Scheitelpunkten resultiert daraus :

$$K_{IE}(\Phi = 0°)/\,K_{IE}(\Phi = 90°) = (c/a)^{1/2} \qquad (2.1.:19)$$

2.1.2. Spannungen und Verformungen im Umfeld von Oberflächenrissen bei elastisch-plastischem Verhalten

Das Ziel, bei elastisch-plastischem Werkstoffverhalten die Spannungen und Verformungen des Umfeldes von Oberflächenrissen quantitativ zu beschreiben, ist noch nicht zu verwirklichen. Die Schwierigkeit der Aufgabe ist aus der Vielzahl von Arbeiten abzulesen, in denen Teillösungen unter speziellen Voraussetzungen gewonnen wurden. Dazu gehören insbesondere:

- Beschreibung des elastisch-plastischen Rißverhaltens verfestigender Werkstoffe mit Hilfe von Potenzgesetzen nach Art des Ramberg-Osgood-Ansatzes
- Beschränkung auf ebene Beanspruchungszustände; E S Z oder E D Z

- Methodische Abstützung auf das Linienintegral J, dessen für die Rechnung benötigte Wegunabhängigkeit im ebenen Fall bei plastischem Werkstoffverhalten nur dann gegeben ist, wenn dieses nach Maßgabe der Deformationstheorie der Plastizität beschreibbar ist.

Trotz dieser Einschränkungen sind aus diesen bisherigen Ergebnissen, wenn auch zum Teil nur qualitativ, Aussagen für Oberflächenrisse zu extrapolieren.

Die Spannungen und Dehnungen im Nahfeld des Risses sind - wie Hutchinson [15] und Rice - Rosengren [16] bereits 1968 unter den genannten Bedingungen ableiten konnten - durch eine vom Verfestigungsexponenten n abhängige Singularität der Abstandskoordinate r gekennzeichnet. Die folgenden Proportionalitäten, in denen hauptsächlich die Winkelabhängigkeit weggelassen wurde, zeigen das auf:

$$\sigma_{ik} \propto \left(\frac{J \cdot E}{\sigma_F^2 \cdot r}\right)^{\frac{1}{n+1}}$$

$$\varepsilon_{ik} \propto \left(\frac{J \cdot E}{\sigma_F^2 \cdot r}\right)^{\frac{n}{n+1}} \qquad (2.1.:20)$$

Dabei sind :

J = Intensitätsgröße des Feldes
E = Elastizitätsmodul
σ_F = Fließspannung

Die Größe J charakterisiert hierbei den Energiefluß in das Rißfeld und kann als negative Änderung der gesamten potentiellen Energie bei einer Rißvergrößerung um ein Flächenelement dA definiert werden (s. Gleichung 2.4.:9). Im Grenzfall linear elastischen Werkstoffverhaltens - durch den Exponenten $n = 1$ beschrieben - nimmt J die Bedeutung der Energiefreisetzungsrate $G_I = K_I^2/E$ (im E S Z) an (s. Abschnitt 2.4), während die Singularität in den bekannten Term $\propto (G_I/r)^{1/2}$ übergeht.

Bereits in dieser frühen Arbeit weisen Rice-Rosengren darauf hin, wie unempfindlich die Rißspitzenaufweitung δ gegen Änderungen des Verfestigungsexponenten ist, und, daß ein Zusammenhang der Art

$$\delta = \beta \cdot J/\sigma_F \qquad (2.1.:21)$$

besteht. β ist ein vom Spannungszustand abhängiger Vorfaktor.

Für die Anwendung notwendige Angaben zur Eingrenzung des Gültigkeitsbereichs des inzwischen nach den Autoren benannten HRR-Feldes in einem Ringgebiet um die Rißspitze wurden von Hutchinson-Paris erarbeitet [17]. Ihre Argumentation ist wie folgt: Die bei einem infinitesimalen Rißzuwachs da auftretende Änderung des Dehnungsfeldes läßt sich in zwei Anteile zerlegen, deren einer nicht der Last proportional ist und damit nicht der Deformationstheorie genügt. Aus der Bedingung, daß der nicht Last proportionale Term durch den ersten majorisiert werden muß, folgt die Forderung

$$\omega = \frac{dJ}{da} \cdot \frac{b}{J} \gg 1 \qquad (2.1.:22)$$

b ist dabei als charakteristische Länge - etwa als Abstand von der Rißspitze zur Bauteiloberfläche anzusehen. Andererseits ist auch ein inneres Gebiet, in dem es zu örtlichen Entlastungen kommt, auszuschließen, das durch

$$\delta / b \ll 1 \qquad (2.1.:23)$$

angebbar ist. Diese Eingrenzungen sind im ebenen Fall durch viele experimentelle Untersuchungen quantifizierbar (s. z.B. [18]), sind jedoch für die Gegebenheiten bei Oberflächenrissen noch zu entwickeln.

Ebenso steht auch die Beschreibung des vollständigen räumlichen Verlaufs der Spannungs-Dehnungskomponenten im plastifizierten Ring-Gebiet noch aus. In einer Reihe von laufenden Arbeiten werden vorzugsweise numerische Ansätze in dieser Richtung verfolgt (s. [19, 22, 23]).

Trotzdem sind einige Hinweise auf zu erwartende Ergebnisse - insbesondere über den Aufbau der örtlichen Verformungsbehinderung, des "Constraints", aus den bisher vorliegenden Arbeiten ablesbar. Dabei werden im ebenen Fall üblicherweise zwei Arten von Einflußmöglichkeiten gedanklich getrennt, obwohl sie logisch miteinander verknüpft sind: Einwirkungen auf das Feld durch Einflüsse in der Ebene oder senkrecht dazu. Während die ersten etwa durch Bauteilberandung und Belastungsart wie Biegung oder Zug bedingt sind, werden die zweiten etwa durch einen Wechsel der ebenen Beanspruchungszustände, den Übergang vom E S Z in den E D Z, hervorgerufen.
In Verfolg der Frage, inwieweit die Brucheigenschaften von Oberflächenrissen von der örtlichen Constraint-Änderung entlang der Rißkontur bestimmt werden, werden zwei Ergebnisse besonders hervorgehoben:

Der Wechsel vom ebenen Spannungszustand in den ebenen Dehnungszustand bewirkt eine ausgeprägte Änderung der Größe der Hauptspannungen senkrecht zum Ligament - bei sonst gleichen Verhältnissen. Hutchinson bezeichnet diesen Befund bereits in seiner ersten Arbeit 1968 [15] als das "zweifelsohne interessanteste Ergebnis seiner Berechnungen" und vertieft es in der darauffolgenden Veröffentlichung [20] . Als Amplitudenverhältnisse der Spannungssingularitäten vom E D Z zum E S Z resultieren bei vorausgesetztem Kleinbereichsfließen z.B. für die Verfestigungsexponenten

n :	3	13
$(\sigma_{zz})_{EDZ}/(\sigma_{zz})_{ESZ}$:	1,5	2,2

Es bleibt zu prüfen, ob hiermit örtliche Unterschiede im Bruchverhalten zu begründen sind, weil nur ein Teil der Bruchprozesse spannungsgesteuert ablaufen.

Der zweite Hinweis soll die "in der Ebene" stattfindenden Einflüsse auf das Spannungsverformungsfeld verdeutlichen, weil diese bei Oberflächenrissen auch wiederum in Abhängigkeit vom Bezugsort an der Rißfront unterschiedlich sein können. Zu diesem Zweck sind die in den Abb. 2.1:8 und 9 qualitativ wiedergegebenen numerischen Ergebnisse von McMeeking - Parks [21] dienlich. Beide Fälle - ein Seitenriß in einer ebenen Probe vergleichbarer Abmessungen unter Zugbeanspruchung - zeigen zunächst die vor einer Rißspitze bei Kleinbereichsfließen auftretende Spannungsüberhöhung in der Verteilung $\sigma_{zz}(r)/\sigma_F$, die vom Verfestigungsexponenten abhängt und in der Größenordnung 3 bis 4 liegt. Während aber im Fall der Biegung diese Verteilung bei weiter zunehmender äußerer Last weitgehend erhalten bleibt, erfolgt im Fall der Zugbeanspruchung ein starker Abbau.

Die Übertragung dieses Ergebnisses auf Oberflächenrisse läßt - insbesondere für den Fall der Biegung (s. Abschnitt 2.2.1.2.) - extreme Unterschiede in den örtlichen Spannungsverteilungen in lateraler Richtung (Φ = 90°) oder in Tiefenrichtung (Φ = 0°) erwarten wie:

- gradientbedingte höhere Beanspruchungen aber geringere Überhöhung für Φ = 90°
- geringere Beanspruchungen, aber stärkere Überhöhung für Φ = 0°.

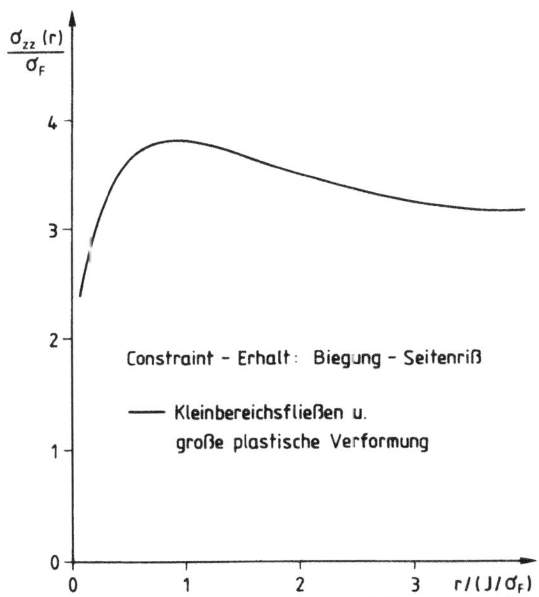

Abb. 2.1:8 : Spannungsverteilung $\sigma_{zz}(r)/\sigma_F$ vor der Rißspitze in Abhängigkeit vom relativen Abstand $r/(J/\sigma_F)$ für Biegebeanspruchung bei geringer Verfestigung

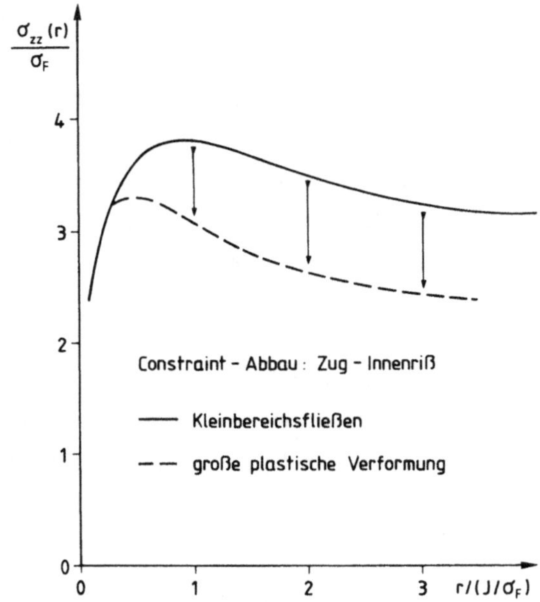

Abb. 2.1:9 : Spannungsverteilung $\sigma_{zz}(r)/\sigma_F$ vor der Rißspitze in Abhängigkeit vom relativen Abstand $r/(J/\sigma_F)$ für Zugbeanspruchung bei geringer Verfestigung

2.1.3. Literatur : Abschnitt 2.1.

[1] Westergaard, H.M., "Bearing Pressures and Cracks", Trans. ASME, Vol. 61, 1939, S. A-49 - A-53

[2] Sneddon, I.N., "The Distribution of Stress in the Neighbourhood of a Crack in an Elastic Solid", Proceedings of the Physical Society of London, Vol. 187, 1946, S. 229 - 260

[3] Green, A.E. and Sneddon, I.N., "The Distribution of Stress in the Neighbourhood of a Flat Elliptical Crack in an Elastic Solid", Proceedings of the Cambridge Philosophical Society, Vol. 46, 1950, S. 159 - 164

[4] Sneddon, I.N. and Lowengrub, M., "Crack Problems in the Classical Theory of Elasticity", John Wiley and Sons, New York/ London/Sydney/Toronto, 1969

[5] Irwin, G.R., "Analysis of Stress and Strains Near the End of a Crack Traversing a Plate", J. Applied Mechanics, Vol. 24, 1957, S. 361 - 364

[6] Williams, M. L., "On the Stress Distribution at the Base of a Stationary Crack", J. Applied Mechanics, Vol. 24, 1957, S. 109 - 114

[7] Irwin, G.R., "Crack Extension Force for a Part-Through Crack in a Plate", J. Applied Mechanics, Vol. 29, Trans. ASME, Series E, 1962, S. 651 - 634

[8] Shah, R.C. and Kobayashi, A.S., "On the Surface Flaw Problem", The Surface Crack - Physical Problems and Computational Solutions, J.L. Swedlow, Ed., 1972, ASME, S. 79 - 124

[9] Sih, G.C., "A Review of the Three-Dimensional Stress Problem for a Cracked Plate", Int. J. Fracture Mechanics, Vol. 7, 1971, S. 39 - 61

[10] Hencky, H., "Ermüdung, Bruch, Plastizität", Stahlbau 16, 1943, S. 95 - 97

[11] Clausmeyer, H., "Über die Beanspruchung von Stahl bei mehrachsigen Spannungszuständen", Konstruktion 20, 1968, S. 395 - 401

[12] Wellinger, K., Wittwer, H.-J., "Untersuchungen über die Trennfestigkeit von Stahl", Archiv für das Eisenhüttenwesen 42, 1971, S. 213 - 221

[13] Wittwer, H.-J., "Zur Theorie der Trennfestigkeit metallener Werkstoffe", Archiv für das Eisenhüttenwesen 46, 1975, S. 41 - 49

[14] Merkle, J.G., "A Review of Some of the Existing Stress Intensity Factor Solutions for Part-Through Surface Crack", Oak Ridge National Laboratory, ORNL-TM 3983, 1973

[15] Hutchinson, J.W., "Singular Behaviour at the End of a Tensile Crack in a Hardening Material", J. Mech. Phys. Solids 16, 1968, S. 13 - 31

[16] Rice, J.R., Rosengren, G.F., "Plane Strain Deformation Near a Crack Tip in a Power-Law Hardening Material, J. Mech. Phys. Solids 16, 1968, S. 1 - 12

[17] Hutchinson, J.W., Paris, P.C., "Stability Analysis of J-Controlled Crack Growth", Elastic-Plastic Fracture, ASTM STP 668, J.D. Landes, J.A. Begley, G.A. Clark, Eds., 1979, S. 37 - 64

[18] Hollstein, T., "Experimentelle Untersuchungen zum Verhalten von Rissen bei elasto-plastischen Werkstoffverformungen", Dissertation, Darmstadt, IWM-Bericht W 1/82, 1982

[19] Aurich, D., Veith, H., Ziebs, J., "Übertragbarkeit von Bruchkennwerten von Proben auf Bauteile im Hinblick auf die Sicherheitsanalyse von Reaktorkomponenten", Bericht BAM Rs 0275 8, 1979; Vortrag 8. MPA-Seminar, Stuttgart, 1982

[20] Hutchinson, J.W., "Plastic Stress and Strain Fields at a Crack Tip", J. Mech. Phys. Solids 16, 1968, S. 337 - 347

[21] McMeeking, R.M., Parks, D.M., "On Criteria for J-Dominance of Crack-Tip Fields in Large Scale Yielding", Elastic-Plastic Fracture, ASTM STP 668, J.D. Landes, J.A. Begley, G.A. Clark,

[22] Schmitt, W., unveröffentlicher Bericht; HDR-Programm, RISA I, 1982

[23] Schmitt, W., Siegele, D., "Vergleich des Spannungszustandes eines halbelliptischen Oberflächenfehlers mit dem einer Kompaktprobe", 15. Sitzung, Arbeitskreis Bruchvorgänge, Darmstadt, 1983

[24] Sommer, E., "Möglichkeiten und Grenzen von Rißfortschrittsvorhersagen auf der Grundlage des K-Konzepts", 14. Sitzung Arbeitskreis Bruchvorgänge, Mülheim, 1982

2.2. Spannungsfaktorverteilung bei Modus I-Beanspruchung

Arbeitshypothese

Die Spannungsfaktorverteilung entlang der Kontur von Oberflächenrissen ist bei einparametriger Betrachtung ein erstes Maß für deren lokale Beanspruchung. Auch wenn der Idealvorstellung, mit Hilfe von Spannungsfaktorverteilungen die Ausbreitungseigenschaften von Oberflächenrissen in Bauteilen unter komplexen Beanspruchungen voraussagen zu können, schwerwiegende Hindernisse wie die

- Aussageungenauigkeit von K wegen des Einflusses höherer, nichtsingulärer Terme auf das Rißgeschehen (s. 2.1.1.) bei realem Werkstoffverhalten
- Berechnungsungenauigkeit von K
  - wegen zu hohen Idealisierungsgrades der Rißgeometrie
  - wegen der methodischen z.B. numerischen Unsicherheiten
- Unsicherheit, inwieweit K überhaupt als Bruchkriterium benutzt werden kann, - zumal die Vermutung naheliegt, daß der lokale Werkstoffwiderstand vor einem Riß gegen Versagen auch von der Mehrachsigkeit des Beanspruchungszustands abhängt -

entgegenstehen, ist es nützlich, schon in Ermangelung besserer Alternativen, die Möglichkeiten des K-Konzepts aufzuzeigen.

Ausgangssituation

In der Literatur sind eine Vielzahl von K-Verteilungen für Oberflächenrisse unter verschiedenster Beanspruchung zu finden. Da die Lösungsangaben auf der Grundlage so unterschiedlicher Methoden wie

- der rein ingenieursmäßigen Abschätzung [1]
- Näherungsverfahren nach Art der alternierenden Technik und numerischen Finit Element-Verfahren (s. z.B. [2.3])

erarbeitet wurden, ist die Streuung der Aussagen dementsprechend breit. Eine Auswahl durch Überprüfung und Bewertung der jeweiligen Lösung durch Vergleiche mit experimentellen Ergebnissen erweist sich als äußerst schwierig, weil die durch zufällige und systematische Fehler bedingte ebenfalls große experimentelle Streubreite die hierfür notwendige Trennschärfe nicht garantieren kann. Aus einer sehr sorgfältigen, vergleichenden Untersuchung dieser Art, die von Newman [4] für Oberflächenrisse unter Zugbeanspruchung durchgeführt wurde, zeichnet sich die Überlegenheit der mit Finit Element-Methoden gewonnenen Lösungen ab. Der beste Fortschritt wurde bisher durch einen Vergleich der bekanntesten theoretisch-numerischen Verfahren - verständlicherweise allerdings nur für einen ausgewählten kleinen Anwendungsbereich - im Rahmen einer von der SESA initiierten Gemeinschaftsarbeit [5] erzielt. Die in diesem Bericht für Oberflächenrisse unter Zug- und Biegebelastung berechneten K-Verläufe konnten mit größter bisher erreichter Genauigkeit bis auf ein Fehlerband von ± 3 % festgelegt werden.

Zielsetzung

Das Ziel der folgenden Abschnitte ist, möglichst zuverlässige Lösungen für K-Verteilungen von Oberflächenrissen unter Beanspruchungen zunehmender Komplexität zusammenzustellen und für den Vergleich mit experimentellen Ergebnissen aufzubereiten.

Die Bedeutung der K-Verläufe, ihre Auswirkung auf Rißbeginn und -ausbreitung wird erst im Abschnitt 2.4. diskutiert.

2.2.1. Oberflächenrisse in Scheiben und Platten

2.2.1.1. unter Zugbeanspruchung

Die Spannungsfaktorverteilung entlang der Kontur eines durch eine Halbellipse approximierten Oberflächenrisses in einer Scheibe endlicher Breite 2W und Dicke t unter einachsiger Modus I-Beanspruchung (s. Abb. 2.2:1) läßt sich wie folgt beschreiben :

$$K_{IOm}(\Phi) = \frac{\sigma_m (\pi a)^{1/2}}{E_2(a/c)} \left((a^2/c^2)\sin^2\Phi + \cos^2\Phi\right)^{1/4} \cdot F_m = K_{IEm} \cdot F_m =$$

$$= \frac{\sigma_m (\pi a)^{1/2}}{E_2(a/c)} M_m \qquad (2.2.:1)$$

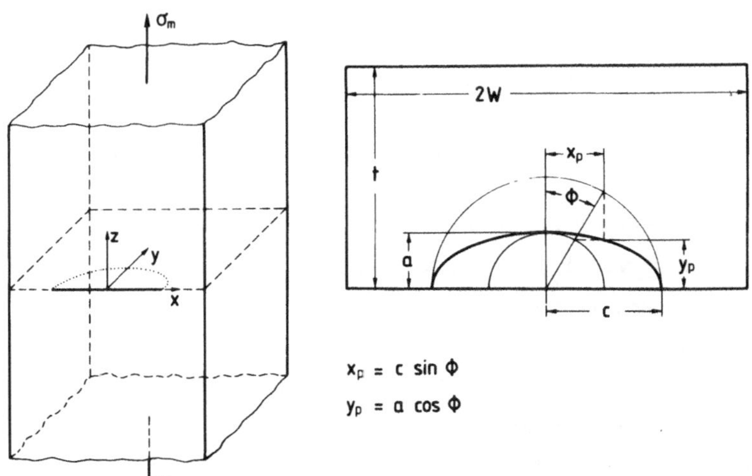

Abb. 2.2:1 : Prinzipskizze; halbelliptischer Oberflächenriß in einer Scheibe unter Zugbeanspruchung

Dabei sind

σ_m = die fern vom Riß, senkrecht zur Rißebene angelegte Zugspannung

a = Rißtiefe
c = halbe Rißbreite
} = Halbachsen der Ellipse

Φ = Kreiswinkel in der Rißebene

E_2 = $E_2(a/c) = \int_0^{\pi/2} (a^2/c^2) \sin^2\Phi + \cos^2\Phi)^{1/2} d\Phi$ =

= vollständiges elliptisches Integral 2. Art

K_{IEm} = $K_{IEm}(a/c, \Phi)$ = Spannungsfaktorverteilung für den elliptischen Innenriß unter Modus I-Zugbelastung

F_m = $F_m(a/c, a/t, c/W, \Phi)$ = erste Korrekturfunktion, mit der die Spannungsfaktorverteilung für den elliptischen Innenriß zu multiplizieren ist

M_m = $M_m(a/c, a/t, c/W, \Phi)$ = zweite Korrekturfunktion, die sich für den Ingenieursgebrauch eingebürgert hat und besonders durch den ASME Boiler und Pressure Vessel Code, Sect. XI, Appendix A unter der Bezeichnung "engineering magnificatio factor" bekannt geworden ist [1]

Das elliptische Integral E_2 kann nützlicherweise durch die Formeln (2.1.; [3])

$$E_2^2(a/c) = 1 + 1{,}464\ (a/c)^{1{,}65} \quad \text{für } a/c \leq 1$$
$$E_2^2(a/c) = 1 + 1{,}464\ (c/a)^{1{,}65} \quad \text{für } a/c > 1 \qquad (2.2.:2)$$

berechnet werden. Der sich bei Benutzung dieser Näherung für die Berechnung von $E_2(a/c)$ und damit $K_{IO}(a/c)$ einstellende Fehler ist mit 0,13 % anzusetzen.

Die numerisch zu berechnenden Korrekturfunktionen F_m und M_m sollten den Einfluß der Scheibenvorder- und -rückseite, sowie den der endlichen Scheibenbreite auf die Spannungsfaktorverteilung berücksichtigen. In den zahlreichen Arbeiten, die zu diesem Problemkreis veröffentlicht wurden (s. z.B. [6, 7]), seit Irwin (2.1.; [7]) 1962 die erste Näherungsformel für die Spannungsfaktorverteilung eines Oberflächenrisses auf der Grundlage der von Green und Sneddon (2.1. [3]) angegebenen Lösung für den ellipsenförmigen Innenriß unter Zug abschätzte, wird jedoch meistens der Einfluß der endlichen Scheibenbreite vernachlässigt. Ein bewertender Vergleich der wichtigsten bis 1978/79 vorliegenden Veröffentlichungen wurde von Newman [4] durchgeführt. Die vierzehn miteinander verglichenen Lösungen zeigen nur in kleinen Teilbereichen für $a/t < 0{,}2$ einigermaßen gute Übereinstimmung, weisen aber sonst beträchtliche Abweichungen auf, die umso beachtlicher ausfallen, je kleiner a/c und je größer a/t ist. Bei den Vergleichswerten $K = K(\Phi)$ für $a/c = 0{,}2$ und $a/t = 0{,}6$ treten als größte Abweichungen bis zu 80 % auf. Kriterien für die Auswahl der besten Lösung können nur auf

- dem Vergleich mit experimentellen Ergebnissen oder
- der Bewertung der methodischen Zuverlässigkeit

fußen. Beide Wege können nicht zu einer eindeutigen Aussage führen. Der erste Weg wurde von Newman beschritten. Er berechnete mit 150 von F.W. Smith [8] durchgeführten Versuchen, bei denen der Brucheinsatz von Oberflächenrissen in Epoxidscheiben unter Zugbelastung für ein breites Spektrum von a/c und a/t-Werten bestimmt wurde, die Korrelation zwischen experimentellen Daten und numerischer Lösung und benutzte als Maß zur Reihung der Lösungen die kleinste Standardabweichung. Der zweite Weg wurde in der SESA Gemeinschaftsarbeit [5] benutzt. Dort wurde beispielhaft für zugbelastete Oberflächenrisse in einer Scheibe unter den Bedingungen $a/c = 0{,}5$, $c/W \leq 0{,}2$ und $a/t = 0{,}25$ und 0,75 ein Abgleich der nach den verschiedensten numerischen Verfahren berechneten K-Verteilungen auf ± 3 % erzielt.

Insgesamt kann aus diesen Untersuchungen gefolgert werden, daß neuere Berechnungen wie etwa die von Raju - Newman [9], Atluri - Kathiresan [10], Heliot - Labbens et al. [11] K-Verteilungen mit einem Genauigkeitsgrad von ± 5 % anzugeben vermögen. Wenn man die oben erwähnten Fehlerquellen infolge realen Rißverhaltens mit einbezieht, wird bereits hier deutlich, daß die Erwartungen des Anwenders an die erreichbare Aussageschärfe möglicher Vorherbestimmungen etwa des Versagensablaufs oder der Lebensdauer nicht zu hoch angesetzt werden dürfen.

Tabelle 2.2:T1 : Korrekturfunktionen M_m (Φ, a/c, a/t) (nach Raju-Newman [9] und SESA-Bericht [5])

E_2(a/c) / a/c	$2\Phi / \pi$	a/t 0,2	a/t 0,25	a/t 0,4	a/t 0,6	a/t 0,75	a/t 0,8
1,050							
	1,0	0,62		0,72	0,90		1,19
	0,875	0,65		0,77	0,95		1,22
	0,75	0,75		0,88	1,08		1,35
	0,625	0,88		1,01	1,24		1,50
0,2	0,5	0,99		1,12	1,38		1,66
	0,375	1,07		1,22	1,50		1,76
	0,25	1,13		1,30	1,58		1,82
	0,125	1,16		1,34	1,63		1,85
	0,	1,17		1,36	1,64		1,85
1,150							
	1,0	0,77		0,90	1,08		1,32
	0,875	0,78		0,90	1,08		1,29
	0,75	0,84		0,95	1,11		1,30
	0,625	0,92		1,01	1,18		1,33
0,4	0,5	1,00		1,08	1,25		1,37
	0,375	1,06		1,14	1,30		1,41
	0,25	1,10		1,18	1,34		1,44
	0,125	1,13		1,21	1,36		1,45
	0,	1,14		1,22	1,37		1,45
1,211							
	1,0		0,88			1,34	
	0,889		0,87			1,28	
	0,778		0,89			1,26	
	0,667		0,94			1,26	
0,5	0,555		0,99			1,27	
	0,444		1,03			1,29	
	0,333		1,07			1,30	
	0,222		1,10			1,31	
	0,111		1,12			1,31	
	0,		1,13			1,31	
1,277							
	1,0	0,92		1,01	1,17		1,35
	0,875	0,92		1,00	1,15		1,30
	0,75	0,94		1,01	1,14		1,27
	0,625	0,98		1,03	1,16		1,24
0,6	0,5	1,02		1,06	1,18		1,24
	0,375	1,06		1,09	1,20		1,25
	0,25	1,09		1,12	1,22		1,26
	0,125	1,10		1,14	1,23		1,26
	0,	1,11		1,15	1,23		1,26

$E_2(a/c)$ / a/c	$2\Phi/\pi$	a/t 0,2	0,25	0,4	0,6	0,75	0,8
1,571							
	1,0	1,17		1,23	1,35		1,46
	0,875	1,14		1,21	1,32		1,41
	0,75	1,11		1,16	1,26		1,31
	0,625	1,08		1,13	1,21		1,23
1,0	0,5	1,07		1,10	1,18		1,19
	0,375	1,06		1,09	1,15		1,15
	0,25	1,05		1,08	1,13		1,13
	0,125	1,05		1,07	1,11		1,12
	0,	1,05		1,06	1,11		1,11
1,211							
	1,0	0,82		0,85	0,87		0,88
	0,875	0,79		0,82	0,83		0,84
	0,75	0,74		0,76	0,77		0,77
	0,625	0,69		0,71	0,72		0,72
2,0	0,5	0,65		0,66	0,66		0,66
	0,375	0,60		0,61	0,61		0,61
	0,25	0,55		0,56	0,56		0,55
	0,125	0,51		0,52	0,52		0,51
	0,	0,50		0,50	0,50		0,50

Als Grundlage für die nachfolgenden Überlegungen werden hier die Berechnungen von Raju - Newman [9] zitiert und durch die des SESA-Berichts [5] ergänzt. In Tabelle 2.2:T1 sind Werte der Korrekturfunktion M_m in Abhängigkeit des Winkels Φ für folgende Parameterbedingungen zusammengestellt:

a/c : 0,2; 0,4; 0,5*; 0,6; 1,0; 2,0

a/t : 0,2; 0,25*; 0,4; 0,6; 0,75*; 0,8

$c/W \leq 0{,}2$	Raju-Newman	$c/W \leq 0{,}2$	SESA-Bericht *
$c/H \leq 0{,}2$		$c/H \leq 0{,}1$	

(mit H = Probenhöhe); allen Berechnungen liegt eine Poissonzahl $\nu = 0{,}3$ zugrunde.

Als Korrekturmöglichkeit für den Einfluß der Plattenbreite 2W gibt Newman [4] die Formel

$$F_W = (\cos \frac{\pi c}{2W} (a/t)^{1/2})^{-1/2} \qquad (2.2.:3)$$

an, mit der die Spannungsfaktorverteilungen für die unendlich breite Scheibe zu multiplizieren sind. Vorsichtshalber sollte die Benutzung der Formel auf Verhältnisse $a/c > 0,4$ eingegrenzt werden.

Ergebnisdiskussion (zur Auswirkung auf den Bruchvorgang s. Abschnitt 2.4.)

Aus den berechneten Spannungsfaktorverteilungen sind als generelle Tendenzen ablesbar, daß deren Winkelabhängigkeit umso ausgeprägter ist, je kleiner das Halbachsenverhältnis a/c und je größer die relative Tiefe a/t des Oberflächenrisses ist. Während das Maximum der Verteilung für kleine Halbachsenverhältnisse im Scheitelpunkt - also an der tiefsten Stelle - des Risses liegt, wandert es mit zunehmendem a/c-Verhältnis zum Rand. Das geht aus den in Abb. 2.2:2 als Beispiel aufgetragenen Verteilungen hervor. Die Auftragung der Spannungsfaktoren im Scheitelpunkt des Risses für verschiedene a/c über der relativen Rißtiefe a/t verdeutlicht, daß der Einfluß der endlichen Scheibendicke umso spürbarer wird, je kleiner das Halbachsenverhältnis wird (s. Abb. 2.2:3); aber selbst der flache Oberflächenriß ($a/c = 0,2$) erfährt im Vergleich zum durchgehenden Randriß ($a/c = 0,0$) noch eine deutliche Stützwirkung. Nur wenn ein Fehler von 20 - 30 % zugestanden wird, können flache Oberflächenrisse geringer Tiefe ($a/c \leq 0,2$, $a/t \leq 0,3$) bequem als 2D-Randrisse behandelt werden.

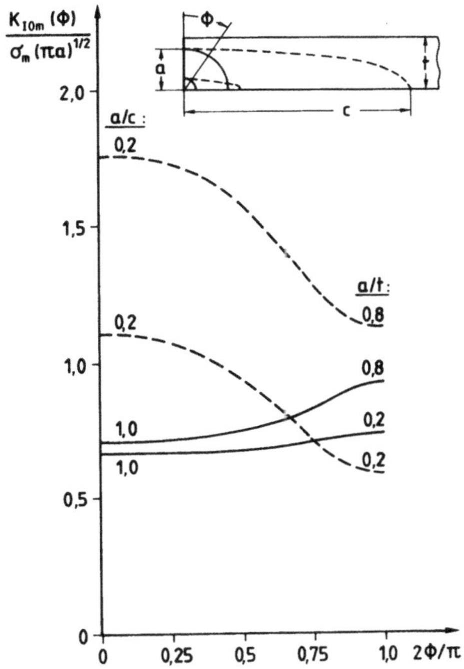

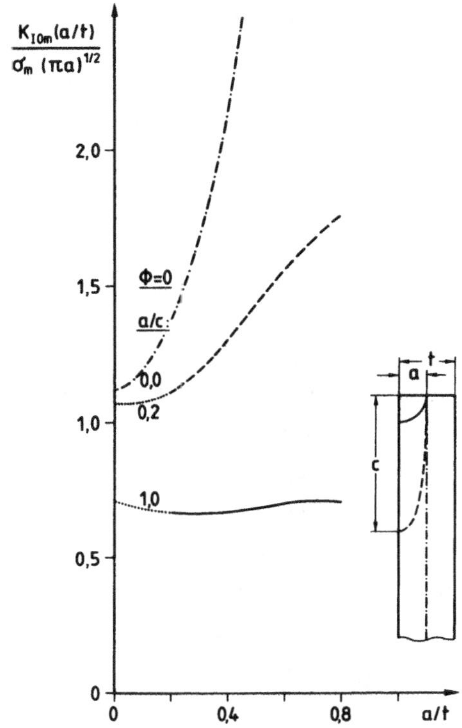

Abb. 2.2:2 : Spannungsfaktorverteilung zugbelasteter Oberflächenrisse unterschiedlicher relativer Rißtiefe a/t und Halbachsenverhältnis a/c

Abb. 2.2:3 : Spannungsfaktoren im Scheitelpunkt zugbelasteter Oberflächenrisse mit unterschiedlichen Halbachsenverhältnissen a/c über der relativen Rißtiefe a/t im Vergleich zum Randriß

2.2.1.2. Oberflächenrisse in Platten unter Biegebeanspruchung

Die Spannungsfaktorverteilung entlang der Kontur eines durch eine Halbellipse approximierten Oberflächenrisses in einer Platte der Breite 2W, der Dicke t unter Biegebeanspruchung läßt sich völlig analog wie bei der Zugbelastung beschreiben (s. Abb. 2.2:4)

$$K_{IOb}(\Phi) = \frac{\sigma_b(\pi a)^{1/2}}{E_2(a/c)} \left((a^2/c^2)\sin^2\Phi + \cos^2\Phi\right)^{1/4} \cdot F_b =$$

$$= \frac{\sigma_b(\pi a)^{1/2}}{E_2(a/c)} \cdot M_b \qquad (2.2.:4)$$

Dabei sind

σ = $\sigma_b(1 - 2\,y/t)$ = Biegebeanspruchung der Platte
σ_b = $3M/Wt^2$ = Biegebeanspruchung in der Außenfaser der Platte
M = Biegemoment
W = halbe Plattenbreite
t = Plattendicke
F_b = F_b (a/c, a/t, c/W, Φ) = erste Korrekturfunktion
M_b = M_b (a/c, a/t, c/W, Φ) = zweite Korrekturfunktion für den Ingenieursgebrauch

sonstige Bedeutungen s. insbesondere Abschnitt 2.2.1.1.

Die nur numerisch zu berechnenden Korrekturfunktionen F_b und M_b berücksichtigen wiederum wie bei der Zugbeanspruchung den Einfluß der Plattenvorder- und -rückseite. Die endliche Plattenbreite wird nicht in alle Rechnungen miteinbezogen, meistens wird nur ein bestimmtes Mindestverhältnis c/W gefordert.

Auch für die Biegebeanspruchung werden hier die F E-Berechnungen von Raju - Newman [3] zitiert und durch die des SESA-Berichts [5] ergänzt. Diese Ergebnisse weisen im Vergleich zu denen anderer Autoren [12] Abweichungen von 10 % und mehr auf. Auch wenn sie sicherlich weiterer Bestätigungen bedürfen, bieten sie durch die Vielfalt der Parametervariationen zur Zeit die beste Grundlage für die weiteren Diskussionen.

In Tabelle 2.2:T2 sind die Werte der Korrekturfunktion M_b in Abhängigkeit des Winkels Φ für folgende Parameterbedingungen zusammengestellt:

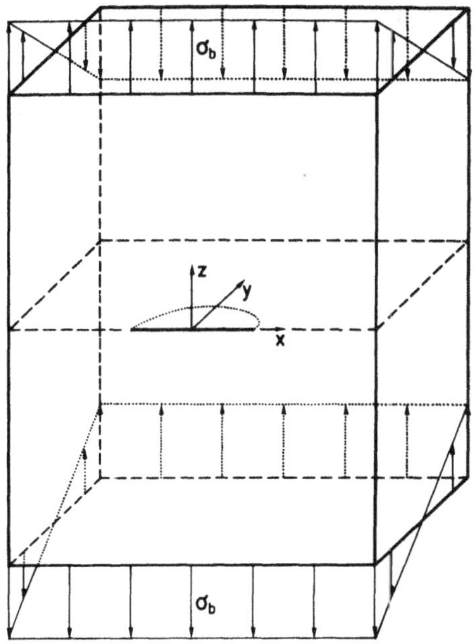

Abb. 2.2:4 : Prinzipskizze; halbelliptischer Oberflächenriß in einer Platte unter Biegebeanspruchung

a/c : O,2; O,4; O,5*; O,6; 1,O; 2,O

a/t : O,2; O,25*; O,4; O,6; O,75*; O,8

c/W ≤ O,2 c/H ≤ O,2	Raju - Newman [3]	c/W ≤ O,2 c/H ≤ O,1	SESA-Bericht * [5]

für Poissonzahl ν = O,3

H = Probenhöhe

Zur Korrektur des Breiteneinflusses s. Formel 2.2.:3.

Ergebnisdiskussion (zur Auswirkung auf den Bruchvorgang s. Abschnitt 2.4.)

Die Spannungsfaktorverteilungen weisen folgende Tendenzen auf

- nur für sehr flache und lange Oberflächenrisse (a/t $\lesssim$ O,2; a/c $\lesssim$ O,6) ist der Spannungsfaktor im Scheitelpunkt größer als an der Oberfläche; mit zunehmender Rißtiefe wandert das Maximum in K auch bei flachen Rissen an die Oberfläche (s. Beispiele in Abb. 2.2:5)

- die Variation der Spannungsfaktoren infolge zunehmender Rißtiefe ist im Oberflächenbereich sehr gering, im Scheitelpunkt jedoch sehr stark ausgeprägt (s. Abb. 2.2:6)

Tabelle 2.2:T2 : Korrekturfunktionen M_b (nach Raju - Newman [3] and SESA-Bericht [5])

$E_2(a/c)$	$2\Phi / \pi$	a/t					
a/c		0,2	0,25	0,4	0,6	0,75	0,8
1,050							
	1,0	0,57		0,63	0,70		0,79
	0,875	0,58		0,63	0,67		0,72
	0,75	0,65		0,66	0,67		0,69
	0,625	0,73		0,69	0,68		0,66
0,2	0,5	0,79		0,72	0,67		0,60
	0,375	0,82		0,73	0,65		0,52
	0,25	0,85		0,73	0,62		0,43
	0,125	0,86		0,73	0,60		0,35
	0,	0,86		0,73	0,59		0,32
1,150							
	1,0	0,70		0,75	0,80		0,84
	0,875	0,70		0,72	0,73		0,74
	0,75	0,72		0,70	0,67		0,63
	0,625	0,76		0,69	0,62		0,53
0,4	0,5	0,79		0,67	0,56		0,43
	0,375	0,81		0,66	0,51		0,32
	0,25	0,82		0,64	0,46		0,22
	0,125	0,83		0,63	0,43		0,15
	0,	0,83		0,63	0,42		0,12
1,211							
	1,0		0,81			0,88	
	0,889		0,77			0,74	
	0,778		0,75			0,64	
	0,667		0,75			0,54	
0,5	0,555		0,75			0,45	
	0,444		0,75			0,36	
	0,333		0,75			0,28	
	0,222		0,75			0,21	
	0,111		0,75			0,16	
	0,		0,75			0,14	

$E_2(a/c)$ / a/c	$2\Phi/\pi$	a/t: 0,2	0,25	0,4	0,6	0,75	0,8
1,277							
	1,0	0,84		0,85	0,86		0,87
	0,875	0,82		0,80	0,78		0,75
	0,75	0,80		0,74	0,68		0,60
	0,625	0,80		0,69	0,59		0,46
0,6	0,5	0,80		0,65	0,50		0,33
	0,375	0,80		0,62	0,43		0,21
	0,25	0,80		0,59	0,37		0,11
	0,125	0,80		0,57	0,33		0,04
	0,	0,80		0,56	0,32		0,02
1,571							
	1,0	1,08		1,03	1,00		0,96
	0,875	1,02		0,96	0,89		0,82
	0,75	0,94		0,84	0,73		0,61
	0,625	0,88		0,74	0,58		0,41
1,0	0,5	0,83		0,65	0,46		0,24
	0,375	0,79		0,58	0,35		0,10
	0,25	0,76		0,53	0,27		- 0,01
	0,125	0,75		0,49	0,22		- 0,08
	0,	0,74		0,48	0,21		- 0,10
1,211							
	1,0	0,76		0,72	0,68		0,65
	0,875	0,71		0,65	0,59		0,53
	0,75	0,63		0,53	0,44		0,35
	0,625	0,55		0,43	0,31		0,19
2,0	0,5	0,49		0,34	0,20		0,06
	0,375	0,43		0,27	0,12		- 0,03
	0,25	0,38		0,22	0,06		- 0,10
	0,125	0,34		0,19	0,03		- 0,13
	0,	0,33		0,18	0,02		- 0,14

Das Auftreten negativer Spannungsfaktoren ist als Formalergebnis anzusehen, das erst bei der Überlagerung von Zugbeanspruchung eine physikalische Bedeutung erhält. Das Zupressen der Rißufer würde Spannungsumlagerungen zur Folge haben.

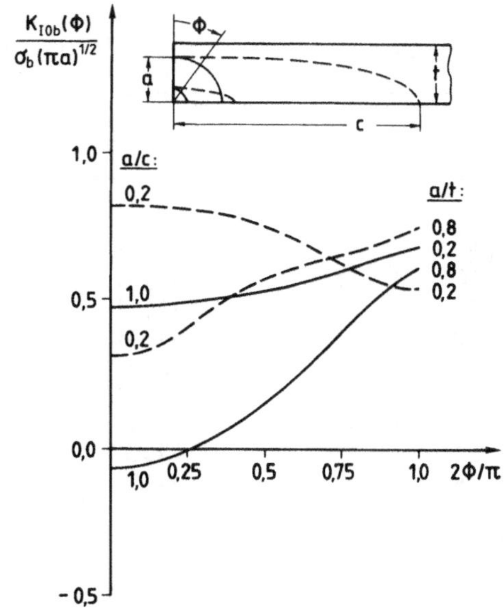

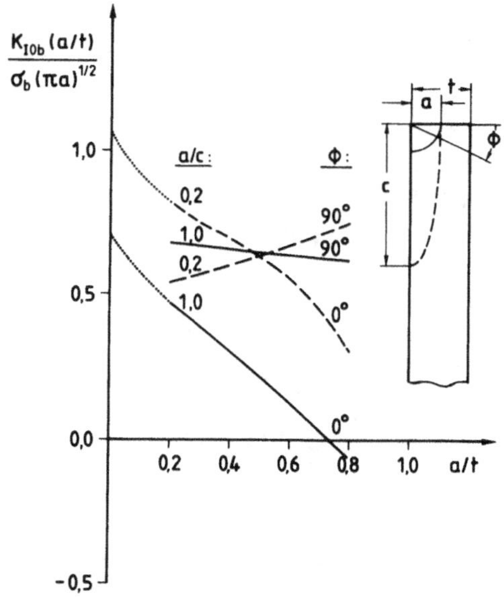

Abb. 2.2:5 : Spannungsfaktorverteilung biegebeanspruchter Oberflächenrisse in Abhängigkeit des Winkels

Abb. 2.2:6 : Spannungsfaktoren im Scheitelpunkt (Φ = O) und am Rande (Φ = 90°) von biegebeanspruchten Oberflächenrissen in Abhängigkeit der relativen Rißtiefe

2.2.1.3. Oberflächenrisse in Scheiben und Platten bei überlagerter Zug- und Biegebeanspruchung

Das Verhalten von Oberflächenrissen in Proben unter überlagerter Zug- und Biegebeanspruchung zu beschreiben, ist ein weiterer Schritt auf dem Weg, die für idealisierte Probenbedingungen gewonnenen Ergebnisse auf Bauteilbedingungen zu übertragen. Denn viele Spannungsverteilungen in komplizierten Bauteilen lassen sich in erster Näherung als überlagerte Zug- und Biegebeanspruchungen deuten. Neben anderen, speziellen Lösungen [13, 14] , die in Kurven- oder Tabellenform zusammengefaßt werden, liegt als vielseitigster Ansatz eine Näherungsgleichung von Newman - Raju [15] vor, mit denen sie ihre umfangreichen Finit Element-Rechnungen für die verschiedensten Rißkonfigurationen mit einer Abweichungsgenauigkeit von maximal ± 5 % approximieren. Die Autoren sind überzeugt, daß diese Gleichung für den Ingenieursgebrauch sogar auch noch im Parametervariationsbereich außerhalb der eigentlichen Berechnungsgrundlage benutzt werden kann; wie z.B. für relative Rißtiefen $a/t > 0{,}8$.

In Zusammenfassung der Gleichungen 2.2:1 und 2.2:4 läßt sich diese Approximationsformel für die Parametervariationsbereiche $0 < a/c \leq 1{,}0$, $0 \leq a/t < 1{,}0$, $c/W < 0{,}5$ und $0 \leq \Phi \leq \pi$ folgendermaßen beschreiben

$$K_I = (\sigma_m + H_o \cdot \sigma_b) \frac{(\pi a)^{1/2}}{E_2(a/c)} M_A (a/t, a/c, c/W, \Phi) \qquad (2.2.:5)$$

Die Korrekturfunktion M_A wurde durch systematische Kurvenanpassung von Mehrfachpolynomen in den Variablen a/c, a/t und Φ gewonnen und setzt sich aus vielen Einzelfunktionen zusammen:

$$M_A = (M_1 + M_2 \cdot (a/t)^2 + M_3 \cdot (a/t)^4) \; F_\Phi \cdot F_W \cdot g$$

mit

$$M_1 = 1{,}13 - 0{,}09(a/c)$$
$$M_2 = -0{,}54 + 0{,}89 \,/\, (0{,}2 + a/c)$$
$$M_3 = 0{,}5 - 1{,}0 \,/\, (0{,}65 + a/c) + 14\,(1{,}0 - a/c)^{24}$$

Die Winkelfunktion F_Φ ist von der vollständigen Lösung für den elliptischen Innenriß übernommen :

$$F_\Phi = \left[(a/c)^2 \sin^2 \Phi + \cos^2 \Phi\right]^{1/4}$$

Die Funktion

$$F_W = \left[\cos\left[\frac{\pi c}{2W} (a/t)^{1/2}\right]\right]^{-1/2}$$

wurde bereits als Gleichung 2.2.:3 zur Korrektur des Breiteneinflusses zitiert.

Weiter ist :

$$g = 1 + \left[0{,}1 + 0{,}35\,(a/t)^2\right] \cdot (1 - \cos \Phi)^2$$

Ebenso aufwendig sind die Vorfunktionen vor dem Anteil der Biegebeanspruchung :

$$H_o = H_1 + (H_2 - H_1) \cos^p \Phi$$

mit dem Exponenten

$$p = 0,2 + a/c + 0,6(a/t)$$

und

$$H_1 = 1 - 0,34(a/t) - 0,11(a/c)(a/t)$$

$$H_2 = 1 + G_1 \cdot (a/t) + G_2 \cdot (a/t)^2$$

wobei G_1 und G_2 nur Funktionen von a/c sind :

$$G_1 = -1,22 - 0,12(a/c)$$

$$G_2 = 0,55 - 1,05(a/c)^{0,75} + 0,47(a/c)^{1,5}$$

Sicherlich sind diese Anpassungsfunktionen nicht gerade übersichtlich, trotzdem ist ihre Handhabung mit Hilfe eines Kleinrechners weniger mühevoll als eine Direktberechnung oder ein Nachschlagen in Tabellen.

2.2.2. Oberflächenrisse in Rohren unter Innendruck

Je nach Einsatzzweck werden Rohre meistens durch Innendruck und zusätzliche Zwangskräfte beansprucht, wie sie z.B. infolge von Auslenkungen, Torsionen oder Kantenversatz beim Fügen entstehen. Eine Überlagerung betriebsbedingter, etwa thermisch induzierter oder herstellungsgewollter Eigenspannungen kann hinzukommen. Für die Garantie hinreichender Sicherheiten und Lebensdauern derartig beanspruchter Rohrsysteme sind Werkstoffauswahl und Dimensionierung von entscheidender Bedeutung. Exakte Aussagen dieser Art sind jedoch wiederum nur aus der zusätzlichen Kenntnis des Verhaltens von Oberflächenrissen abzuleiten. Es ist schwierig, wenn nicht unmöglich, dieses Rißverhalten unter allen angeführten Beanspruchungen in verallgemeinerungsfähiger Form zu beschreiben. Deshalb konzentrieren sich die meisten Untersuchungen auch hier darauf, die Beanspruchungen nach dominierenden Einflüssen zu separieren.

Besonders wichtig ist die Innendruckbelastung von Rohren mit Rissen, die in der z - r - Ebene (Axialrisse) oder der r - ϕ - Ebene (Umfangrisse) der Wandung liegen (s. Abb. 2.2:7). Risse an der Innenwand sind am gefährlichsten, weil sie unter der Wirkung des Innendrucks sowie der Umfangs- oder Axialspannung in der Rohrwandung stehen, die nach außen hin leicht abfallen. Da die Spannung in Umfangsrichtung doppelt so hoch ist wie in axialer, bedeuten Axialrisse bei reiner Innendruckbeanspruchung das größte Risiko.

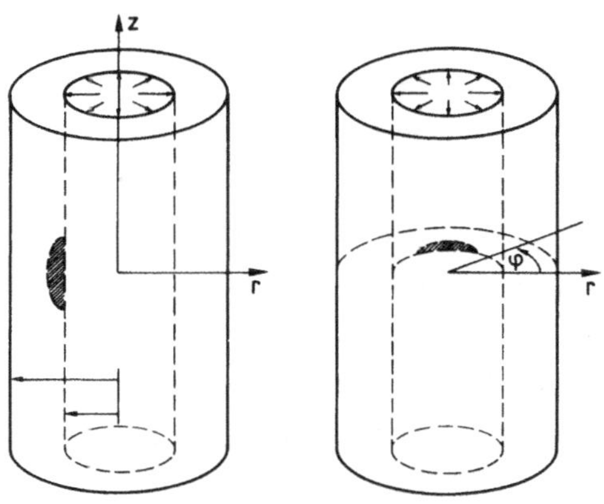

Abb. 2.2:7 : Prinzipskizze; halbelliptische Oberflächenrisse in Rohren; Axialriß und Umfangriß

Ein zweites Interessengebiet stellen Rohre unter der Einwirkung thermisch induzierter Spannungen dar. Dabei sind schockartige Belastungen durch plötzliche Temperaturwechsel ebenso von Bedeutung wie wechselnde Beanspruchungen, die etwa durch inhomogene Strömungsvorgänge verursacht werden können [16, 17, 18] .

Diese Beanspruchungsarten werden jedoch im Folgenden nicht weiter behandelt.

2.2.2.1. Axialrisse

Axialrisse werden in einem unter Innendruck stehenden Rohr durch die Umfangsspannung wie den direkt auf die Rißoberflächen einwirkenden Druck beansprucht.

Die in einer axialen Schnittebene der Rohrwand auftretende Umfangsspannung $\sigma_{\phi\phi}$ hängt vom Innendruck p_i und den Rohrabmessungen, dem Innen- und Außenradius R_i und R_a sowie der Wandstärke $t = R_a - R_i$ ab; sie fällt mit zunehmendem Abstand r vom Rohrmittelpunkt ab; ihr Maximum liegt an der Innenwand:

$$\sigma_{\phi\phi}(r) = \frac{(R_a / r)^2 + 1}{(R_a / R_i)^2 - 1} \, p_i \tag{2.2.:6}$$

Die für verschiedene Radienverhältnisse R_a/R_i in Abb. 2.2:8 über der normierten Wanddicke aufgetragenen Spannungsverläufe zeigen, daß der Spannungsabfall für große Radienverhältnisse ausgeprägter ist. Wegen der Beziehung $R_a/R_i = t/R_i + 1$ sind bei gleicher Wandstärke große Radienverhältnisse gleichbedeutend mit kleinen Innenradien. Andererseits ist - wiederum bei gleicher Wandstärke - das Verhältnis der maximalen Umfangsspannung zum Innendruck umso größer je größer der Innenradius, je kleiner also das Radienverhältnis R_a/R_i ist. Die Differenz zwischen der Umfangsspannung an der Innen- und Außenwand ist gleich dem Innendruck.

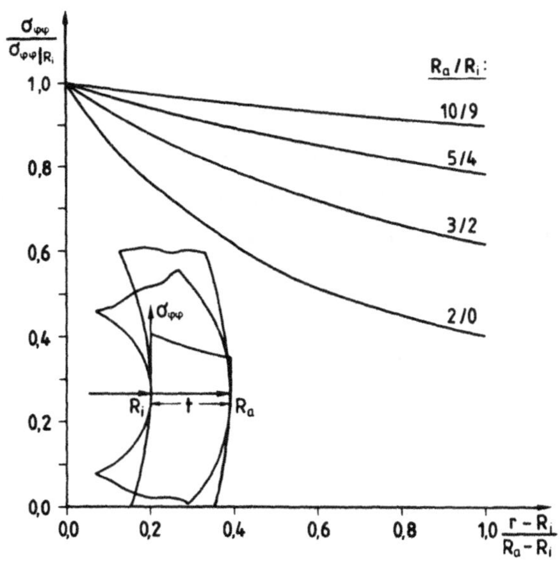

Abb. 2.2:8 : Normierte Umfangsspannung $\sigma_{\phi\phi}(r)/\sigma_{\phi\phi}(r = R_i)$ in der Rohrwandung

Die mittlere im Rohr auftretende Umfangsspannung ist:

$$\overline{\sigma_{\phi\phi}}/p_i = \frac{1}{t} \int_{R_i}^{R_a} \frac{\sigma_{\phi\phi}(r)}{p_i} dr = R_i/t \qquad (2.2.:7)$$

Für die weitere Behandlung des Rißproblems wird die Umfangsspannung gern durch ein Polynom dritten oder vierten Grades genähert (s. z.B. [19, 2o, 21, 22]):

$$\sigma_{\phi\phi}(x) = \sigma_o + \sigma_1(x/t) + \sigma_s(x/t)^2 + \sigma_3(x/t)^3 + \sigma_4(x/t)^4 \qquad (2.2.:8)$$

mit $x = r - R_i$. Denn damit kann die Berechnung der Spannungsfaktorverteilung nach dem Superpositionsprinzip (s. z.B. [20]) sukzessive für die einzelnen Terme vorgenommen und additiv zum Gesamtergebnis zusammengesetzt werden. Als Berechnungsmethoden haben sich dabei besonders bewährt: die Finite Elemente-Methode [20, 22, 23] und die Methode der Gewichtsfunktionen nach Bueckner [21, 24, 25].

Die Anzahl der zur Thematik Oberflächenrisse in Rohren vorliegenden Arbeiten ist in den letzten Jahren stark angewachsen, trotzdem ist es nicht einfach, Aussagen über die Zuverlässigkeit der erzielten Ergebnisse zu machen, zumal deren Vergleichbarkeit infolge eng gewählter Ausgangsbedingungen häufig nicht gewährleistet ist. Eine Übersicht über neuere Entwicklungen ist z.B. in [28] zu finden.

Im Folgenden werden wiederum die wesentlichsten aus diesen Berechnungen resultierenden Ergebnisse für den späteren Vergleich mit experimentellen Befunden bereitgestellt.

Um die zu erwartenden rohrspezifischen Einflüsse auf das Rißverhalten prinzipiell zu verdeutlichen, werden zunächst durchgehende Axialrisse für den einfachen zweidimensionalen Fall betrachtet. Wie bei zugbeanspruchten Scheiben mit Seitenriß steigen auch bei derartigen Innenrissen in Rohren unter der Einwirkung der Umfangsspannung die Spannungsfaktoren mit zunehmender Rißtiefe a/t an.

Allerdings hängt dieser Anstieg von der Steifigkeit des Rohres ab, die bei gleicher Wandstärke umso größer ist, je kleiner der Rohrinnenradius wird; er ist somit für zunehmende R_a/R_i ($= t/R_i + 1$)-Verhältnisse weniger steil. Die Spannungsfaktorverläufe in Rohren verschiedener Geometrie werden durch die Grenzfälle der Probe mit Seitenriß von oben und mit Innenriß von unten eingeschlossen [19] . Aus diesem in Abb. 2.2:9 wiedergegebenen Sachverhalt folgt, daß der Spannungsfaktor bei konstantgehaltener Rißtiefe a/t, aber veränderlichem Rohrradius R_i mit zunehmendem t/R_i-Verhältnis abfällt. Daß dieser Abfall umso ausgeprägter ist, je tiefer der Riß ist, ist aus den Abb. 2.2:10, in der der normierte Spannungsfaktor über dem t/R_i-Verhältnis aufgetragen ist, und 2.2:11 zu ersehen, in der der relative auf die unter konstanter Last stehende Scheibe bezogene Spannungsfaktor ebenfalls über dem t/R_i-Verhältnis aufgetragen ist.

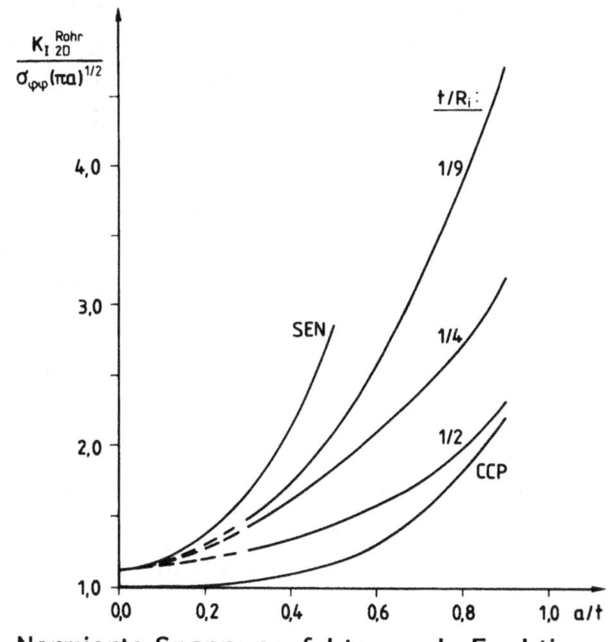

Abb. 2.2:9 und 2.2:10 : Normierte Spannungsfaktoren als Funktion der relativen Rißtiefe und des Wandstärken- zu Rohrinnenradius-Verhältnis (nach [19]).

SEN = single edge notched specimen = seitlicher Riß in einer Scheibe

CCP = center cracked panel = Mittenriß in einer Scheibe

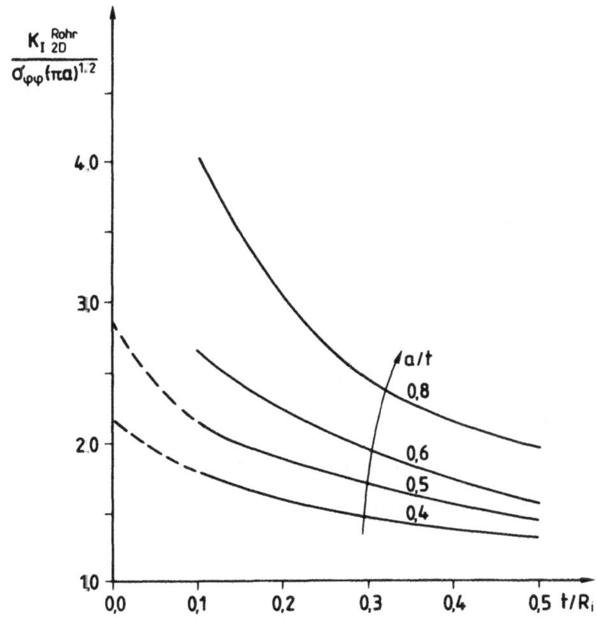

Abb. 2.2:10 : Erklärung s. Abb. 2.2:9

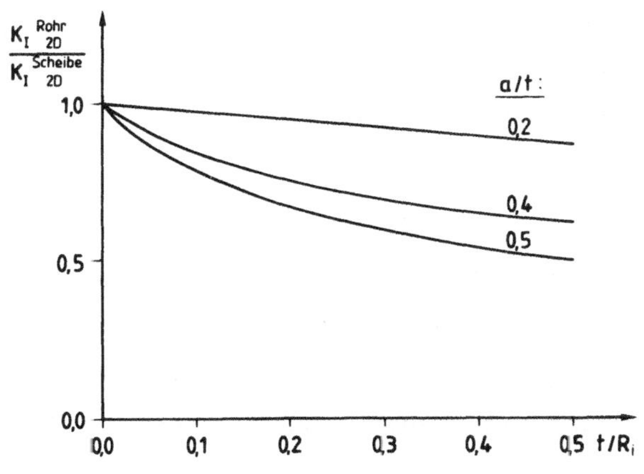

Abb. 2.2:11 : Relativer Spannungsfaktor über dem Wandstärken- zu Rohrinnenradius-Verhältnis (nach [19]).

Die hier für den zweidimensionalen Fall wiedergegebenen auf den frühen Rechnungen von Kobayashi und Mitarbeitern fußenden Überlegungen lassen sich im Prinzip auch auf die dreidimensional zu rechnenden Fälle von Rohren mit Oberflächenrissen endlicher Breite ($a/c > 0$) übertragen. Der wesentliche Unterschied besteht nur darin, daß die Systemsteifigkeit bei sonst gleicher Geometrie mit abnehmender Rißbreite größer wird. Daß dieser Nachgiebigkeit des Systems insgesamt eine große Bedeutung zukommt, ist schon aus dem Beispiel der zugbeanspruchten Scheibe mit Seitenriß zu ersehen: bei gleichtiefem Riß resultiert für die Bedingung konstante Verschiebung der Probenenden (d.h. feste Einspannung) wegen des unterdrückten Biegeanteils bekanntlich ein deutlich geringerer Spannungsfaktor als für die Bedingung konstante Last (d.h. Drehung der Probenenden möglich). Daß bei experimentellen Prüfungen sehr häufig - nicht zuletzt infolge von Maschineneigenschaften - eine zwischen diesen Extremen angesiedelte Bedingung vorliegt, deren Einfluß bei elastisch-plastischem Werkstoffverhalten besonders bemerkbar wird, haben Hollstein und Schmitt [26] aufgezeigt. Es ist zu vermuten, daß eine Reihe der in der Literatur zu findenden Diskrepanzen [27] nicht nur auf die Unterschiedlichkeit der numerischen Techniken, sondern auch auf die der Einspannbedingungen zurückzuführen ist.

Erste Überlegungen dieser Art zur Abschätzung der Spannungsfaktoren im Scheitelpunkt von Oberflächenrissen in Rohren wurden von Underwood [29] bereits 1972 veröffentlicht. Unter Hinweis auf den eingeschränkten Gültigkeitsbereich für kleine Werte von a/t und t/R_i schlug er aufbauend auf den damals verfügbaren Lösungen [30, 31] folgenden Ansatz vor :

$$K_{I\,3D}^{Rohr}(\Phi = 0°) = K_{I\,3D}^{Scheibe}\,\frac{K_{I\,2D}^{Rohr}}{K_{I\,2D}^{Scheibe}} \qquad (2.2.:9)$$

Dabei setzte er - im zweidimensionalen Fall - als Spannungsfaktor für den Axialriß in einem unter Innendruck p_i stehenden Rohr an :

$$K_{I\,2D}^{Rohr} = 1{,}12\,(\sigma_{\phi\phi} + p_i)\,(\pi a)^{1/2} \qquad (2.2.:10)$$

Auch wenn Underwoods Arbeit inzwischen durch präzisere Rechnungen überholt worden ist, wird die Tendenz der zu erwartenden Ergebnisse durch seinen Ansatz nach wie vor klar beschrieben. Als Beispiel aus dieser Arbeit sind in Abb. 2.2:12 für das Wandstärken- zu Rohrinnenradius-Verhältnis $t/R_i = 1$ und verschiedene a/c-Verhältnisse auf den Innendruck bezogene Spannungsfaktoren im Rißscheitelpunkt ($\phi = 0°$) über der relativen Rißtiefe aufgetragen. Erwartungsgemäß bewirkt die mit abnehmender Rißbreite c größer werdende Systemsteifigkeit einen starken Abfall des Spannungsfaktorverlaufs über der Rißtiefe. Wie aus Abb. 2.2:9 zu schließen ist, ist dieser Abfall weniger steil, wenn das t/R_i-Verhältnis kleiner als 1 ist; das nachfolgende Beispiel in den Abbildungen 2.2:13 bis 15 zeigt für die Bedingungen $t/R_i = 0{,}1$ und $a/c = 0{,}33_3$ sogar einen Anstieg.

Den Fehler dieser K-Wert-Abschätzung setzt Underwood für Rißtiefen bis zu $a/t = 0{,}4$ mit höchstens 10 % an.

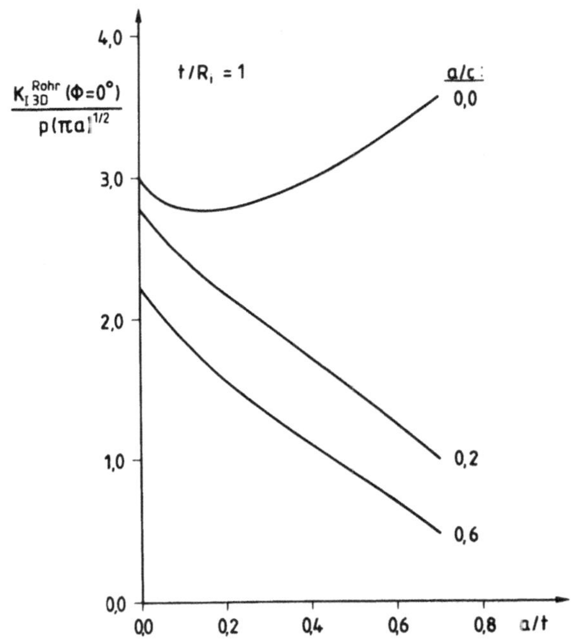

Abb. 2.2:12 : Normierte Spannungsfaktorverläufe im Scheitelpunkt von axial in Rohren unter Innendruck liegenden Oberflächenrissen; nach [29]

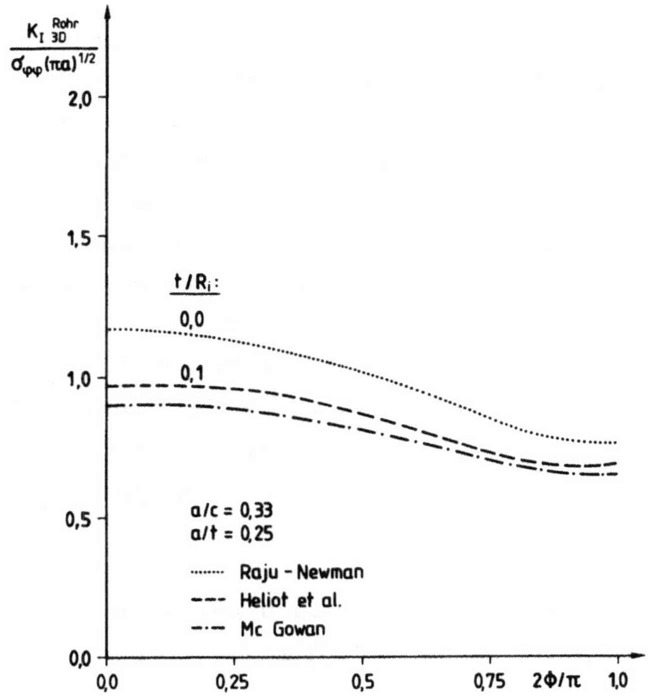

Abb. 2.2:13

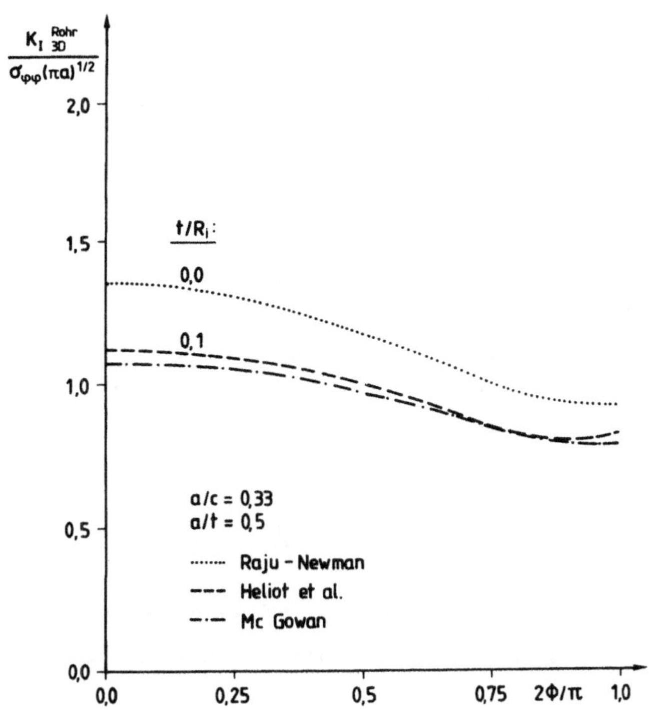

Abb. 2.2:14

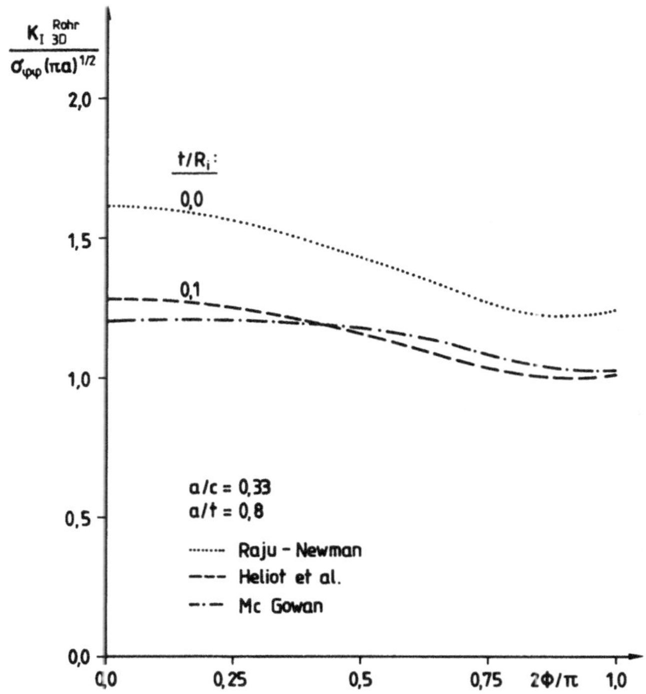

Abb. 2.2:15

Abb. 2.2:13, 2.2:14 und 2.2:15 : Spannungsfaktorverteilung in Abhängigkeit vom Winkel; nach [21, 22, 15]

Spannungsfaktorverteilungen entlang der Rißkontur sind für einige Beispiele von Rohr- und Rißgeometrien als Direktberechnungen nach der Methode der finiten Elemente bzw. der Gewichtsfunktion in den Arbeiten [21, 22, 23, 32, 33, 34] zu finden. Dabei werden insbesondere folgende Abmessungen betrachtet :

a/c =	0,33	in [21, 22]	0,2	in [23]
a/t =	0,25; 0,5; 0,8		0,8	
t/R_i =	0,1		0,5	

Das Verhältnis $t/R_i = 0{,}1$ entspricht etwa den Druckbehälterdimensionen im Reaktorbau; für die in Abschnitt 3 zu diskutierenden IWM-Experimente ist $t/R_i = 0{,}667$ gewählt worden.

Aus den sehr gut übereinstimmenden Ergebnissen [21, 22] , die in den Abb. 2.2:13 bis 15 im Vergleich zu den nach [15] für gleiche Rißgeometrien der zugebeanspruchten Scheibe berechneten K-Werten wiedergegeben sind, sind folgende Schlüsse zu ziehen :

- Bei gleichem a/c = 0,333 sind die Absolutwerte der Spannungsfaktoren im Scheitelpunkt für die untersuchten Rißtiefen a/t = 0,25 bis 0,8 in der Scheibe (t/R_i = 0,0) um ca 30 % höher als im Rohr (t/R_i = 0,1)
- Die $K_{I\,a/c\,=\,0,333,\;t/R_i\,=\,0,1} = K_I(\Phi)$ Verteilung flacht

  mit zunehmender Rißtiefe etwas ab; das ist aus den Relativwerten

  $K_I(\Phi = 0°) / K_I(90°)$: a/t

Scheibe:	Rohr :	
1,54	1,41	0,25
1,46	1,35	0,5
1,31	1,22	0,8

  zu ersehen
- Die Abflachung ist in der Scheibe infolge der konstanten Spannung über die Wanddicke weniger ausgeprägt; der Unterschied beträgt im Mittel 8 %.

Wenn auch diese Ergebnisse mit den in [32] berechneten im Hinblick auf die K-Verteilung übereinzustimmen scheinen, führt die in [32] angegebene empirische Anpassungsformel zur Berechnung von K-Werten bei großem Parametervariationsbereich auf widersprüchliche Tendenzen in der t/R_i-Abhängigkeit (s. Hinweis in [27]).

Die in Abb. 2.2:16 für einen Oberflächenriß (a/c = 0,2, a/t = 0,8) für eine Scheibe (t/R_i = 0) und ein Rohr (t/R_i = 0,5) wiedergegebenen K-Verteilungen weisen demgegenüber wesentlich größere Unterschiede auf. Als Ursachen hierfür sind die stärkere Rohrkrümmung wie auch das kleinere a/c = 0,2-Verhältnis denkbar. Der Einfluß des Druckmediums auf die Rißflanken, der in diesem Beispiel zusätzlich durch Pfeile gekennzeichnet ist, führt in den meisten Fällen nur zu geringfügigen Erhöhungen der K-Verteilungen.

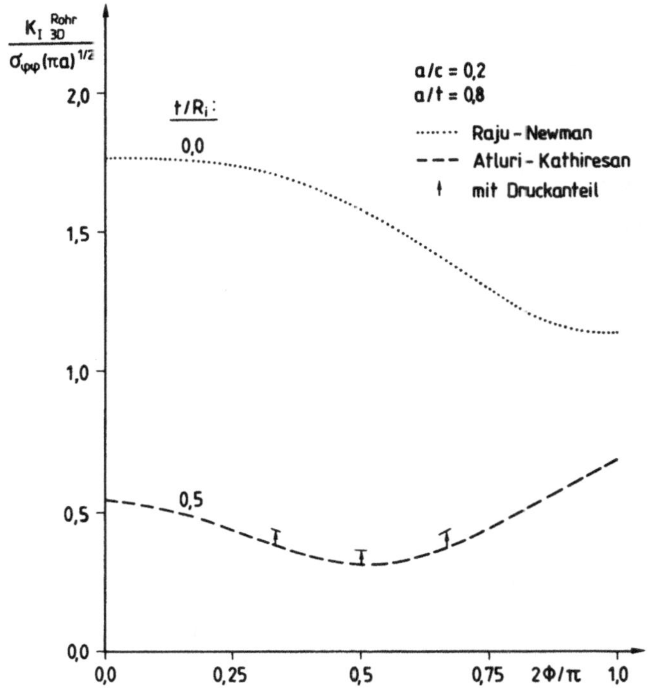

Abb. 2.2:16 : Spannungsfaktorverteilung in Abhängigkeit vom Winkel; nach [23]

2.2.3. Literatur : Abschnitt 2.2.

[1] ASME Boiler and Pressure Vessel Code, Sect. XI

[2] Smith, F.W., "The Elastic Analysis of the Part-Circular Surface Flaw Problem by the Alternating Method", The Surface Crack - Physical Problems and Computational Solutions, J.L. Swedlow, Ed., 1972, ASME, S. 125 - 152

[3] Newman, J.C. Jr., and Raju, I.S., "Analyses of Surface Cracks in Finite Plates Under Tension or Bending Loads;, NASA TP-1578, 1979

[4] Newman, J.C. Jr., "A Review and Assessment of the Stress-Intensity Factors for Surface Cracks", Part-Through Crack Life Prediction, ASTM 687, J.B. Chang, Ed., 1979, S. 16 - 42

[5] McGowan, J.J., Ed., "A Critical Evaluation of Numerical Solutions to the "Benchmark" Surface Flaw Problem", SESA, 1980

[6] Swedlow, J.L., Ed., "The Surface Crack : Physical Problems and Computational Solutions", ASME, 1972

[7] Rybicki, E.F. and Benzley, S.E., Eds., "Computational Fracture Mechanics", ASME, 1975

[8] Smith, F.W. and Alavi, J., "Stress-Intensity Factors for a Penny-Shaped Crack in a Half Space", J. Engineering Fracture Mechanics, Vol. 3, 1971, S. 241 - 254

[9] Raju, I.S. and Newman, J.C. Jr., "Stress-Intensity Factors for a Wide Range of Semi-Elliptical Surface Cracks in Finite Thickness Plates", J. Engineering Fracture Mechanics, Vol. 11, 1979, S. 817 - 829

[10] Atluri, S.N. and Kathiresan, K., "Stress Analysis of Typical Flaws in Aerospace Structural Components Using Three-Dimensional Hybrid Displacement Finite Element Methods". AIAA Paper 78-513, Proc. AIAA-ASME 19th SDM Conference, Bethesda, MD., 1978, S. 340 - 350

[11] Heliot, J., Labbens, R., Pellissier-Tanon, A., "Benchmark Problem No. 1 - Semi-Elliptical Surface Crack - Results of Computation, March 1979", Creusot-Loire, Framatome, Paris, France. See also Int. J. Fracture, Vol. 15, 1979, S. R 197 - R 202

[12] Kobayashi, A.S., Polvanich, N., Emery, A.F., and Love, W.J., "Surface Flaws in a Plate in Bending", Proceedings 12th Annual Meeting of the Society of Engineering Science, 1975, S. 343 - 352

[13] Smith, F.W., Sorensen, D.R., "The Semi-Elliptical Surface Crack - A Solution by the Alternating Method", Int. J. Fracture, Vol. 12, 1976, S. 44 - 57

[14] Shah, R.C., Kobayashi, A.S., "Stress Intensity Factor for an Elliptical Crack Approaching the Surface of a Plate in Bending", Stress Analysis and Growth of Cracks, Proc. 1971 National Symposium on Fracture Mechanics, Part J ASTM STP 513 1972, S. 3 - 21

[15] Newman, J.C. Jr., Raju, I.S., "An Empirical Stress-Intensity -Factor Equation for the Surface Crack", Engineering Fracture Mechanics, Vol. 15, 1981, S. 185 - 192

[16] Blauel, J.G., Stahn, D., "Sprödbruch-Modellexperimente als Beitrag zur Sicherheitsanalyse bei der Notkühlung eines Kernreaktors", 6. Sitzung DVM-AK-Bruchvorgänge, Freiburg, 1974, S. 177 - 189

[17] Kobayashi, A.S., Emery, A.F., Polvanich, N., Love, W.J., "Surface Flaw in a Pressurized and Thermally Shocked Hollow Cylinder", Int. J. Pressure Vessel and Piping, Vol. 5, 1977, S. 103 - 122

[18] Ayres, D.J., "Three Dimensional Elastic Analysis of Semi-Elliptical Surface Flaws Subjected to Thermal Shock", Computational Fracture Mechanics, E.F. Rybicki, S.E. Benzley, Eds., ASME 1975, S. 133 - 143

[19] Kobayashi, A.S., Polvanich, N., Emery, A.F., and Love, W.J., "Stress Intensity Factor of a Surface Crack in a Pressurized Cylinder", Computational Fracture Mechanics, E.F. Rybicki, S.E. Benzley, Eds., ASME 1975, S. 121 - 132

[20] Buchalet, C.B. and Bamford, W.H., "Stress Intensity Factor Solutions for Continuous Surface Flaws in Reactor Pressure Vessels", Mechanics of Crack Growth, ASTM STP 590, 1976, S. 385 - 402

[21] Heliot, J., Labbens, E.C., and Pellissier-Tanon, A., "Semi-elliptical Cracks in a Cylinder Subjected to Stress Gradients", ASTM STP 677, C.W. Smith, Ed., 1979, S. 341 - 364

[22] McGowan, J.J. and Raymund, M., "Stress Intensity Factor Solutions for Internal Longitudinal Semi-Elliptical Surface Flaws in a Cylinder Under Arbritrary Loadings", Fracture Mechanics, ASTM STP 677, C.W. Smith, Ed., 1979, S. 365 - 380

[23] Atluri, S.N., Kathiresan, K., "Analyses of Surface Flaws in Thick-Walled Reactor Pressure Vessels Using Displacement-Hybrid Finite Element Method", Nuclear Engineering and Design, Vol. 51, 1979, S. 163 - 176

[24] Bueckner, H.F., "Field Singularities and Related Integral Representations" Methods of Analysis and Solutions of Crack Problems, G.C. Sih, Ed., Noordhoff International Publisher, Leyden, The Netherlands, Vol. 1, 1973, S. 239 - 314

[25] Labbens, R., Pellissier-Tanon, A., and Heliot, J., "Practical Method for Calculating Stress-Intensity Factors Through Weight Functions", Mechanics of Crack Growth, ASTM STP 590, 1976, S. 368 - 384

[26] Hollstein, T., Schmitt, W., Blauel, J.G., "Experimentelle und numerische Ermittlung bruchmechanischer Beanspruchungsparameter für einseitig gekerbte Flachzugproben bei elastisch-plastischem Werkstoffverhalten", 13. Sitzung des DVM-AK-Bruchvorgänge", Hannover, 1981, S. 9 - 19

[27] Keim, E., Schöpper, A., "Vergleich der Spannungsintensitätsfaktoren von Oberflächenfehlern in Platten und Zylindern", 12. Sitzung des DVM-AK-Bruchvorgänge", Freiburg, 1980, S. 41 - 48

[28] Erdogan, F., "Fracture Problems in Pressure Vessels and Pipes Containing a Through or a Part-Through Crack", SMiRT 6, Post Conference Seminar "Fracture Resistance of Reactor Components" Ispra, 1981

[29] Underwood, J.H., "Stress Intensity Factors for Internally Pressurized Thick-Wall Cylinders", Stress Analysis and Growth of Cracks, Proceedings 1971 National Symposium Fracture Mechanics, Part I, ASTM STP 513, 1972, S. 59 - 70

[30] Bowie, O.L., Freese, C.E, "Elastic Analysis for a Radial Crack in a Circular Ring", Engineering Fracture Mechanics, Vol. 4, 1972, S. 315 - 321

[31] Rice, J.R., Levy, N., "The Part-Through Surface Crack in an Elastic Plate", Technical Report NASA NGL 40-002-080/3, Division of Engineering, Brown University, 1970, und in J. Applied Mechanics, Vol. 39, 1972, S. 185 - 194

[32] Newman, J.C., Raju, I.S., "Stress Analysis and Fracture of Surface Cracks in Cylindrical Pressure Vessels", SMiRT 5, Berlin, 1979, S. 10 / G7 / 3

[33] Atluri, S.N., Kathiresan, K., Kobayashi, A.S., Nakagaki, M., "Inner Surface Cracks in an Internally Pressurized Cylinder Analysed by a Three-Dimensional Displacement-Hybrid Finite Element Method", 3rd International Conference Pressure Vessel Technology, Tokyo, Japan, 1977, S. 527 - 533

[34] Kathiresan, K., Atluri, S.N., "Natural Shaped Flaws at Nozzle Corners with Pressure Loading and Thermal Shock", Proceedings 4th International Congress on Pressure Vessel Technology, London, 1980, S. 59 - 86

2.3. Oberflächenrisse unter komplexen Beanspruchungen

Oberflächenrisse in Bauteilen werden in der Regel unter komplexeren Beanspruchungsbedingungen stehen, als sie in Abschnitt 2.2 geschildert sind. Zur Beurteilung ihres Verhaltens sind zwei Wege gangbar :

- die bauteilgerechte, numerische Simulation der Situation

oder

- eine Abschätzung zu erwartender Änderungen im Vergleich zu bekannten Situationen.

Da der erste Weg aufwendig und kostspielig ist, bleibt meistens nur der zweite, pragmatische. Allerdings müssen auch hierfür genügend bekannte Stützlösungen vorhanden sein.

Zur näherungsweisen Berechnung hat sich in einer Reihe von Fällen ein von Rice [1, 2] eingeführtes Verfahren bewährt. Da die in den folgenden Abschnitten diskutierten Ergebnisse teilweise auf diesem Verfahren fußen, soll das Prinzip der Vorgehensweise kurz skizziert werden; nicht zuletzt, um damit die methodischen Vor- und Nachteile zu verdeutlichen :

Im Vergleich zu den Rißuferverschiebungen eines Durchrisses in einer Platte unter Zug- und Biegebelastung werden die eines gleichlangen Oberflächenrisses nach Maßgabe der im Restligament wirksamen Kräfte und Momente kleiner ausfallen. Diese hierfür verantwortlichen Kräfte und Momente können durch Integration über die Dickenrichtung aufsummiert in die Mittelebene der Platte "projiziert" werden. Damit wird eine zweidimensionale Behandlung im Rahmen der Kirchhoffschen Plattentheorie für den verallgemeinerten ebenen Spannungszustand ermöglicht : Der Oberflächenriß wird in der Platte zu einer Diskontinuität der Länge 2c abstrahiert, deren Verschiebungs- und Verdrehungsverhalten durch die sich aus den aufintegrierten Kräften und Momenten ergebenden Eigenschaften einer über die Länge ortsvariablen Feder bestimmt ist. So ist jedem Punkt der Feder in der ursprünglichen Platte mit dem Oberflächenriß eine bestimmte Rißtiefe a(y) zuzuordnen. Andererseits kann der funktionale

Zusammenhang zwischen diesen Verschiebungen bzw. Verdrehungen und den Membrankräften bzw. -momenten durch den in einem anderen ebenen Fall - dem in einer Platte mit einem Seitenriß jeweils entsprechender Tiefe a(y) herrschenden - approximiert werden. Hierfür wird der Zustand ebener Verformung zugrunde gelegt. Diese Vorgehensweise führt dann schließlich über die Lösung von gekoppelten Integralgleichungen zu der näherungsweisen Berechnung der Spannungsfaktorverteilung entlang der Kontur des Oberflächenrisses. Da dieses Lösungsverfahren auf sehr allgemeinen Ansätzen beruht, ist es für inhomogene Beanspruchungen wie auch elastisch-plastisches Materialverhalten einsetzbar.

Der Lösungsweg beinhaltet also zwei Näherungsschritte :

- die Spannungsfaktorverteilung für das 3D-Problem wird über die Kräfte- und Momentverteilung in der entsprechenden 2D-Probe mit Seitenriß berechnet
- Kräfte und Momente werden aus der 2D Plattentheorie berechnet, in der der Riß als linienhafte Feder betrachtet wird.

Die Folge hiervon ist, daß die gewonnenen K-Verteilungen besser in der Nähe des Scheitelpunktes als in den Randgebieten approximiert werden und daß die Güte der Approximation zunimmt, wenn das a/c-Verhältnis des Risses kleiner wird.

Zur Abschätzung der Beanspruchungen in den Rißscheitelpunkten allein werden auch weitervereinfachende Zugänge - meistens unter Abstützung auf die Methode der Gewichtsfunktionen - erfolgreich benutzt [3, 4, 5].

Richtwerte, die für die praktische Anwendung häufig ausreichen, sind auch über zweidimensionale Ansätze zu gewinnen.

Im Folgenden sollen zwei Grenzfälle zur Veranschaulichung dienen :

- Oberflächenrisse in stark inhomogenen Spannungsfeldern bei elastischem Werkstoffverhalten und
- Oberflächenrisse bei elastisch-plastischem Werkstoffverhalten unter homogener Beanspruchung.

Zur Charakterisierung anderer Grenzsituationen wie der von Oberflächenrissen in überlagerten Scher- und Zugspannungsfeldern stehen bis jetzt nur wenige Hilfsmittel zur Verfügung, so daß die Problemstellung hier ausgeklammert wird. Es sei nur darauf hingewiesen, daß derartig beanspruchte Risse durchaus technisch interessant sind; das Beispiel tordierter Wellen kann als Beleg dienen. Trotzdem tragen sie weniger zur Gefährdung einer Konstruktion bei als ein Modus I-Riß, weil - vorgreifend zu Abschnitt 2.4 bemerkt - für sie bei Brucheinsatz- und -ausbreitung Zwänge zum Verlassen der Ebene und zum Aufteilen in Sekundärbruchflächen bestehen und damit insgesamt ein höherer Energieverbrauch erforderlich ist.

2.3.1. Oberflächenrisse in stark inhomogenen Spannungsfeldern

Konstruktions-, beanspruchungs- und herstellungsbedingt können in Bauteilen Spannungsfelder mit ausgeprägten Gradienten auftreten. Üblicherweise ist das Auftreten von Gradienten mit Bewertungsunsicherheiten verbunden. Deshalb sucht man sie entweder von vornherein zu vermeiden, oder gezielt nur dann einzubringen, wenn dadurch Vorteile z.B. durch eine Erhöhung der Oberflächenfestigkeit zu erwarten sind. Allerdings ist die Erzeugung derartiger Eigenspannungsfelder meistens eng an werkstoffspezifische Änderungen gekoppelt [6, 7] . Trotzdem soll hier zunächst unter Zurückstellung der werkstoffspezifischen Seite des Problems die rein mechanische Auswirkung inhomogener Felder auf die lokale Beanspruchung im Rißspitzenbereich von Oberflächenrissen betrachtet werden, damit hierauf aufbauend Kriterien zur Beurteilung des Bruchverhaltens abgeleitet werden können. Dabei werden nur orts-, aber keine zeitabhängigen Veränderungen behandelt. Die örtlichen Veränderungen sind zudem in Relation zur Rißgröße zu sehen, so daß Variationen der Spannungsfelder im Mikrobereich bei dieser Betrachtungsweise nicht berücksichtigt werden müssen, weil ihre Wirkung sich bei der Rißbeanspruchung im Mittel heraushebt. In diesem Zusammenhang sind dementsprechend nur Eigenspannungen I. Art von Interesse [8] . Da für die lokale Beanspruchung entlang der Rißkontur primär nur die senkrecht zur Rißfläche gerichteten Komponenten des Spannungsfeldes von Belang sind, liegt es nahe, zwei Arten von Feldern zu unterscheiden; Felder, die eine Ortsveränderlichkeit - s. Abb. 2.2:1 -

- nur in Richtung der Rißtiefe - also $\sigma_{zz} = \sigma_{zz}(y)$ -

oder

- nur in Richtung der Rißlänge - also $\sigma_{zz} = \sigma_{zz}(x)$ -

aufweisen.

Spannungsfelder vom Typ $\sigma_{zz}(y)$

Spezialfälle derartiger Felder sind bei der Diskussion von Rissen in Platten unter Biegebeanspruchung und in Rohren unter Innendruck behandelt worden.

Für Grobabschätzungen in der Praxis ist es häufig ausreichend, auf solche vorhandenen Lösungen zurückzugreifen und sie durch Superposition an die gestellte Aufgabe anzupassen. Diese Vorgehensweise, die z.B. im ASME Boiler und Pressure Vessel Code empfohlen wird, ist nur dann zu rechtfertigen, wenn die Beanspruchungen im Rißspitzenumfeld nur durch das im ungestörten Fall in der Sollbruchebene vorhandene Spannungsfeld hervorgerufen werden; sie ist somit nur für kleine a/t-Verhältnisse (etwa $a/t < 0{,}4$) sinnvoll. Da die Spannungsfelder außerdem durch lineare Verteilungen approximiert werden müssen, sind die durch diese Superpositionsmethode gegebenen Möglichkeiten begrenzt; das ist in Abb. 2.3:1 angedeutet. Trotzdem lassen sich auf diese Weise brauchbare Ergebnisse für Risse in Zugspannungsfeldern erzielen.

Unübersichtlicher werden die Aussagemöglichkeiten, wenn sich infolge von Druckspannungsanteilen zumindest ein partielles Rißschließen einstellt, das zudem sehr stark von den Rand- bzw. Einspannungsbedingungen des Bauteils abhängt. Wenn quantitative Ergebnisse erzielt werden sollen, sind Rechnungen nicht zu umgehen.

Als Stützwerte für abschätzende Betrachtungen seien für einige spezielle Belastungs- und Geometriebedingungen die in [9, 10] unter Abstützung auf [1] nach der Methode der Gewichtsfunktionen für die

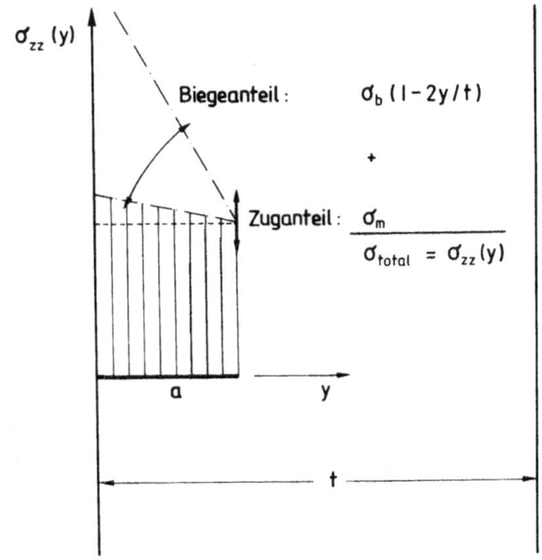

Abb. 2.3:1 : Prinzip der Konstruktion neuer Lösungen nach der Superpositionsmethode

Positionen Φ = 0 und 90° des Risses berechneten Korrekturwerte M_g zitiert. Der Ansatz für den Spannungsfaktor ist dabei - der Geometriebedingung : Oberflächenriß in einer Scheibe entsprechend - wie in Abschnitt 2.2. :

$$K_{I0g} = \frac{\sigma_g (\pi a)^{1/2}}{E_2(a/c)} \; M_g(a/c,\ a/t,\ \Phi) \qquad (2.3.:1)$$

mit

σ_g = Randwert der steil abfallenden Spannung $\sigma_{zz}(y)$,

M_g = Korrekturfunktion für die spezielle Spannungsverteilung

Die zugrundegelegten Belastungsfunktionen sind in Abb. 2.3:2 wiedergegeben. Neben der - zur Überprüfung anhand der Newman-Raju Rechnungen mitgeführten - konstanten und linear abfallenden Belastung wurden zwei e-Funktionsansätze betrachtet; ihre analytische Beschreibung ist :

$$\sigma_{zz}^{I}(y) = \sigma_g^{I}(1 - y/t) \quad \hat{=} \quad I$$

$$= \sigma_g^{II} \cdot e^{-3,8 \cdot y/t} \quad \hat{=} \quad II \qquad (2.3.:2)$$

$$= \sigma_g^{III} \cdot e^{-8,5 \cdot y/t} \quad \hat{=} \quad III$$

Die resultierenden M_g^i (i = I, II, III)-Werte sind in Tabelle 2.3:T1 zusammengestellt. Die Abweichungen von den Newman-Raju-Ergebnissen liegen bei den vergleichbaren Werten in der Mehrzahl unter 2 %. Besonders hervorgehoben sei die - etwa im Vergleich zur Biegebeanspruchung - geringe Variation der Korrekturwerte mit zunehmender relativer Rißtiefe a/t.

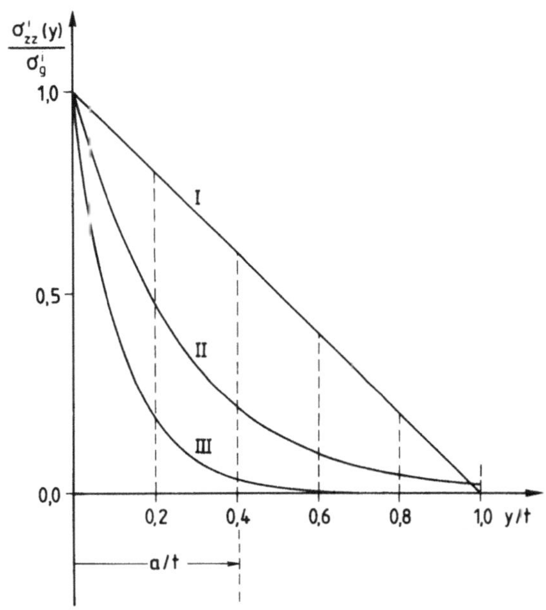

Abb. 2.3:2 : Die in [9, 10] zur K-Berechnung benutzten Belastungsfunktionen $\sigma_{zz}^{i}(y)$ (i = I, II, III)

Spannungsfelder vom Typ $\sigma_{zz}(x)$

Verallgemeinerungsfähige Aussagen zum Verhalten von Oberflächenrissen in ortsvariablen Spannungsfeldern mit Gradienten parallel zur

Tabelle 2.3:T1 : Korrekturfunktion M_g^i(i = I, II, III/ nach Huget - Reddemann - Grüter [10]

$E_2(a/c)$ / a/c	$\sigma_{zz}^i(y)$	$2\,\Phi/\pi$	a/t 0,2	a/t 0,4	a/t 0,6	a/t 0,8
1,050	I	1,0	0,60	0,68	0,80	0,99
		0,	1,01	1,05	1,11	1,09
	II	1,0	0,54	0,58	0,64	0,73
		0,	0,74	0,63	0,62	0,58
	III	1,0	0,48	0,48	0,48	0,51
		0,	0,45	0,33	0,31	0,28
1,150	I	1,0	0,73	0,83	0,94	1,08
		0,	0,99	0,93	0,90	0,79
	II	1,0	0,67	0,69	0,73	0,78
		0,	0,71	0,55	0,47	0,40
	III	1,0	0,58	0,55	0,54	0,54
		0,	0,43	0,27	0,23	0,19
1,211	I	1,0	0,88	0,93	1,01	1,11
		0,	0,96	0,86	0,77	0,64
	II	1,0				
		0,	0,68	0,49	0,39	0,31
	III	1,0				
		0,	0,40	0,24	0,18	0,14
1,277	I	1,0	1,12	1,13	1,18	1,25
		0,	0,90	0,77	0,66	0,50
	II	1,0	1,02	0,95	0,92	0,91
		0,	0,62	0,43	0,31	0,22
	III	1,0	0,88	0,76	0,69	0,66
		0,	0,36	0,20	0,13	0,09

Probenoberflächen lassen sich kaum treffen. Deshalb soll in diesem Absatz an einem Extrembeispiel aufgezeigt werden, wie die prinzipielle Auswirkung derartiger Felder ist. Zu diesem Zweck wird der in Abb. 2.3:3 skizzierte Ausschnitt der Breite h aus einer Flachprobe mit einem Oberflächenriß der Tiefe a betrachtet. Um die Wirkungsweise eines inhomogenen Spannungsfeldes vom Typ $\sigma_{zz}(x)$ zu veranschaulichen, wird dieser Ausschnitt, der einer Probe mit einem geradfrontigen Riß entspricht, im Abstand d von der Rißfront durch eine parabelförmige Linienlast auf den Rißufern beansprucht. Wird als spezielle Verteilung - in den in Abb. 2.2:1 definierten Koordinaten -

$$\sigma_{zz}(x,y) = \sigma_g(1 - 12\,(x/h)^2) \cdot \delta_K(y-(a-d))\ * \qquad (2.3.:3)$$

mit der Nebenbedingung

$$\int_{-h/2}^{+h/2} \sigma_{zz}(x)\,dx = 0 \qquad (2.3.:4)$$

gewählt, so läßt sich der in den Abb. 2.3:4 und 5 dargestellten Verlauf von Spannungsfaktorverteilungen berechnen [12, 13]. Die $K_I(x)$-Auftragung in Abb. 2.3:4 ist auf das zum jeweiligen Linienlast-Abstand d gehörige $K_{Imax} = K_I(0)$ normiert. Den starken Abfall des Maximalwerts $K_I(0)$ mit wachsendem d gibt Abb. 2.3:4 wieder. Das starke Abklingverhalten beweist die geringe Gefährdung durch derartige Spannungsverteilungen. Selbst wenn die gesamte Rißfläche der Beanspruchung durch ein parabelförmiges Feld dieser Art ausgesetzt wäre, würde sich dessen Einflußbereich nur auf die unmittelbare Nähe der Rißfront beschränken ($a < h/2$), weil sich die Wirkung des Fernfeldes aufhebt.

Dieses Beispiel wurde im Hinblick auf die im Abschnitt 3.1. geschilderten eigenen Untersuchungen zur Auswirkung von Eigenspannungsfeldern in Kompaktproben genauer beschrieben.

---

* $\delta_K(y-(a-d)) = 1$, wenn $y = a-d$, $= 0$, wenn $y \neq a-d$

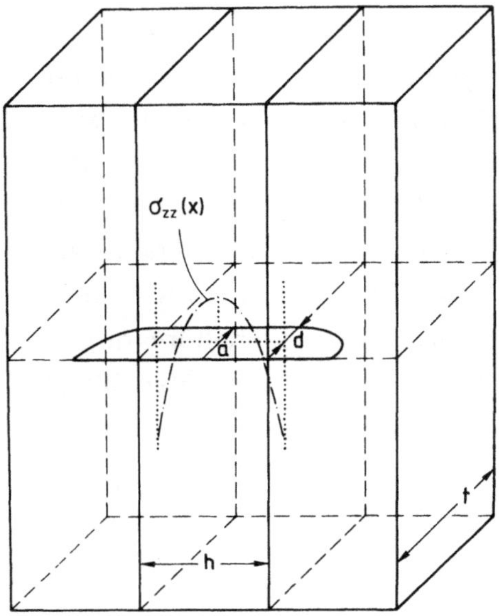

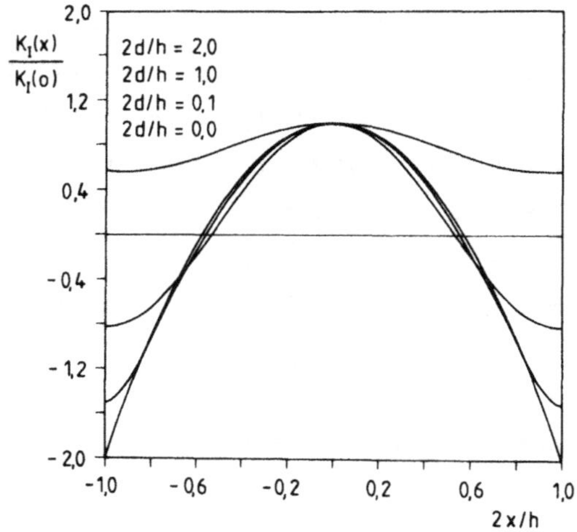

Abb. 2.3:3 : Parabelförmige Linienlast im Abstand d von der Rißfront auf die Rißufer des Probenausschnitts der Breite h wirkend.

Abb. 2.3:4 : Normierte Spannungsfaktorverteilung bei parabelförmiger Linienbelastung

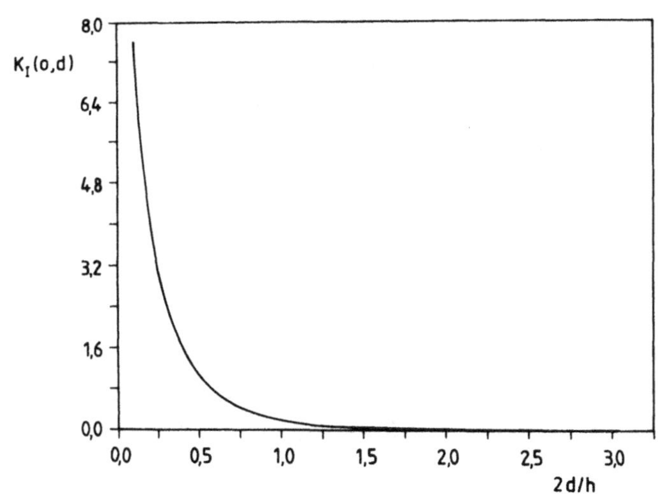

Abb. 2.3:5 : Abklingverhalten des maximalen Spannungsfaktors mit wachsendem Belastungsabstand

2.3.2. Oberflächenrisse bei elastisch-plastischem Verhalten

Die Aufgabe, Plastifizierungen im Umfeld der Rißkontur realitätsgetreu zu erfassen, ist so schwierig, daß bisher nur vereinfachende Zugänge existieren.

Bleibt der Anteil der plastisch verformten Zone klein gegen die Rißabmessungen, so hat sich der von Kobayashi und Moss [14] vorgeschlagene Ansatz bewährt, die notwendigen Korrekturen in einen Formfaktor Q hineinzuziehen. Dieser Formfaktor

$$Q' = (E_2^2\,(a/c) - 0{,}212\,(\sigma_g/R_{p0,2})^2)^{1/2} \qquad (2.3.:5)$$

ist in den bisher diskutierten Formeln anstelle des elliptischen Integrals 2. Art $E_2(a/c)$ einzusetzen. Der Ansatz ist eine Wiederaufnahme der bereits von Irwin 1962 [15] entwickelten Vorstellung, die Größe der plastischen Zone durch die Einführung einer effektiven Rißlänge mitzuberücksichtigen, und ist nach [16] gültig, wenn die Bedingung $K_I \leq R_{p0,2} \cdot c^{1/2}$ erfüllt werden kann, weil dadurch die Plastifizierung des Restligaments eingegrenzt wird.

Um Plastifizierungen größeren Ausmasses erfassen zu können, wurden von verschiedenen Autoren [17, 18, 5] rechteckförmige Oberflächenrisse untersucht, bei denen das Ligament hinter dem Riß voll durchplastifiziert ist. Es kann vorausgesetzt werden, daß mit der rechteckförmigen Umschreibung eines Oberflächenrisses der im Hinblick auf eine Versagenseinleitung ungünstigere Beanspruchungszustand beschrieben wird.

Für den Fall elastischen Werkstoffverhaltens ist der Nachweis hierfür in der Arbeit von Erdogan/Delale [19] erbracht. Mit Hilfe des weiterentwickelten Riceschen Federmodellansatzes (vgl. S. 73) werden die Scheitelpunktwerte der Spannungsfaktoren für halbelliptische und rechteckförmige Oberflächenrisse vergleichbarer Ausmaße unter Zug- und Biegebeanspruchung in Platten berechnet. Der Vergleich zeigt bis zu Rißtiefenverhältnissen von $a/t < 0{,}8$ konsistent höhere Werte für den Rechteckriß. Ergänzend sei erwähnt, daß die nach diesem Näherungsverfahren für den halbelliptischen Riß gewonnenen K-Verteilungen insgesamt erstaunlich gut mit den von Newman nach der F E-Methode berechneten übereinstimmen.

Allerdings beinhaltet die Annahme gleichmäßiger Durchplastifizierung des hinter dem Riß gelegenen Ligaments einen einschneidenden Verzicht auf Feinheiten in der möglichen Modellierung des Versagensvorgangs. Denn die Vereinfachung, daß in dem gesamten in Abb. 2.3:6 schraffiert gezeichneten Bereich die gleiche Fließspannung σ_F, die zwischen $R_{p0,2}$ und R_m angesetzt wird, herrscht, bedeutet bereits eine indirekte Festlegung auf ein Grenzlastkriterium: Das System wird bei zunehmender Laststeigerung an der Stelle größtmöglicher Verschiebung durch plastischen Kollaps instabil.

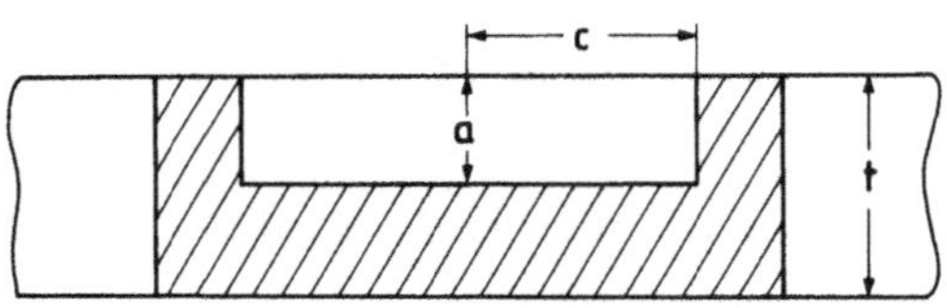

Abb. 2.3:6 : Vereinfachtes Rißmodell mit durchplastifiziertem Ligament

Erdogan [18] berechnet unter diesen Voraussetzungen für Oberflächen- wie Durchrisse in dünnwandigen Rohren und Scheiben unter Innendruck bzw. Zug in einem weitgesteckten Parameterspielraum a/t, c/t, R_i/t die Rißuferverschiebungen - als lokale Beanspruchungsgrößen. Für alle Konfigurationen tritt ein Steilanstieg der Aufweitung im Rißzentrum auf, wenn bestimmte in Relation zur Fließspannung und der Bauteil- bzw. Rißgeometrie stehende Lastwerte erreicht werden. Durch die - willkürliche - Festsetzung eines Wertes im Steilanstieg der Verschiebungskurven wird die Zuordnung entsprechender Grenzlasten möglich.

Zur Beschreibung des Versagensablaufs im Übergangsbereich zwischen verformungsarmem Bruch und plastischem Kollaps bedarf es differenzierender Beschreibungen. So berechnet z.B. Parks [20] die lokale

Energieanlieferung entlang der Kontur von halbelliptischen Oberflächenrissen nach Maßgabe des aus der Energiedefinition des J-Integrals und den HRR-Gleichungen folgenden Zusammenhangs (s. Abschnitte 2.1. und 2.4.) :

$$J_{Anlieferung} = J_{elast} + J_{plast} =$$

$$= K_I^2 (1 - \nu^2) / E + \beta \cdot \sigma_F \cdot \delta \qquad (2.3.:6)$$

mit

σ_F = Fließspannung
δ = Rißspitzenaufweitung
β = Vorfaktor der Größenordnung 1

In dem von ihm angegebenen Beispiel eines Axialrisses (a/c = 1/3, a/t = 0,5) in einem Rohr (R_i/t = 10) weist die Verteilung $J_{Anlieferung}(\Phi)$ ein ausgeprägtes Maximum im Rißscheitelpunkt auf. Das Verhältnis dieses Maximalwerts $J_{Anlieferung}(\Phi = 0°)$ zum entsprechenden Randwert $J_{Anlieferung}(\Phi\ 90°)$ wächst umso stärker an, je größer das Verhältnis von Umfangs- zu Fließspannung wird. Der insgesamt betrachtete Variationsbereich ist $0{,}66 < \sigma_{\phi\phi}/\sigma_F < 0{,}89$. Da die Berechnungen von Parks erste Ansätze in dieser Richtung sind, wird auf eine Wiedergabe konkreter Zahlenwerte verzichtet.

Abgrenzend sei darauf hingewiesen, daß die Umrechnung der Rißspitzenaufweitung in J-Werte an einschränkende Voraussetzungen wie a, t-a > 25δ geknüpft sind. Daß diese Voraussetzungen für die in [18] bereitgestellten Rißuferverschiebungen nicht mehr erfüllt werden, wird dort nachgewiesen.

2.3.3. Literatur : Abschnitt 2.3.

[1] Rice, J.R., "The Line-Spring Model for Surface Flaws", The Surface Crack - Physical Problems and Computational Solutions, J.L. Swedlow, Ed., 1972, ASME, S. 171 - 185

[2] Rice, J.R., Levy, N., "The Part-Through Surface Crack in an Elastic Plate", J. Applied Mechanics, Vol. 39, 1972, S. 185 - 194

[3] Huget, W., Kylla, H., Grüter, L., "Estimation of Maximum Stress Intensity Factors for Elliptical Cracks Under Variable Normal Stresses", SMiRT 6, Paris, 1981, S. G 10/2

[4] Mattheck, C., Morawietz, P., Munz, D., "Spannungsintensitätsfaktoren an halbelliptischen Oberflächenrissen bei Belastung durch Spannungsgradienten", DVM-AK-Bruchvorgänge", Mülheim, 1982,

[5] King, R.B., Cheng, Y.W., Read, D.T., McHenry, H.T., "J-Integral Analysis of Surface Cracks in Pipeline Steel Plates", 2nd Internat. Symposium on Elastic Plastic Fracture Mechanics, Philadelphia, 1981

[6] Macherauch, E., "Bewertung von Eigenspannungen", Eigenspannungen - Entstehung - Berechnung - Messung- Bewertung, Bericht Symposium, Bad Nauheim, 1979, S. 41 - 67

[7] Kloos, K.H., "Eigenspannungen, Definition und Entstehungsursachen", Z. Werkstofftechnik, Vol. 10, 1979, S. 293 - 302

[8] Macherauch, E., Wohlfahrt, H., Wolfstieg, U., "Zur zweckmäßigen Definition von Eigenspannungen", HTM, Vol. 28, 1973, S. 201 - 211

[9] Grüter, L., Huget, W., Kylla, H., "Weight Functions and Stress Intensity Magnification Factors for Elliptical and Semielliptical Cracks under Variable Normal Stress", zur Veröffentlichung eingereicht: Internat. J. Fracture, 1981

[10] Huget, W., Reddemann, T., Grüter, L., "Weight Functions for Semielliptical Surface Cracks of Variable Aspect Ratio", zur Veröffentlichung eingereicht: Internat. J. Fracture, 1982

[11] Oore, M., Burns, D., "Estimation of Stress Intensity Factors for Embedded Irregular Cracks Subjected to Arbitrary Normal Stress Fields", Proceedings 4th Internat. Conference Pressure Vessel Technology, London, 1980, c 25/80

[12] Tada, H., Paris, P., Irwin, G., "The Stress Analysis of Cracks", Handbook, Del Research Corporation, Hellertown, PA, 1973

[13] Riedmüller, J., Sommer, E., "Zur Bewertung von Rissen in inhomogenen Spannungsfeldern", DVM-AK-Bruchvorgänge, Berlin, 1977 S. 61 - 69

[14] Kobayashi, A.S., Moss, W.L., "Stress Intensity Magnification Factors for Surface-Flawed Tension Plate and Notched Round Tension Bar", Fracture, Proceedings 2nd Internat. Conference on Fracture, Brighton, 1969

[15] Irwin, G.R., "Crack Extension Force for a Part-Through Crack in a Plate", Trans-ASME 24, Series E, Vol. 4, 1962, S. 651 - 654

[16] Irwin, G.R., "Characterisation of Parth-Through Cracks in Tension", The Surface Crack - Physical Problems and Computational Solutions, J.L. Swedlow, Ed., 1972, ASME, S. 1 - 10

[17] Erdogan, F., Ratwani, M., "Fracture Initiation and Propagation in a Cylindrical Shell Containing an Initial Surface Flaw" SMiRT 2, Berlin, 1973

[18] Erdogan, F., "Ductile Fracture Theories for Pressurized Pipes and Containers", Internat. J. Pressure Vessel and Piping, Vol. 4, 1976, S. 254 - 283

[19] Erdogan, F., Delale, F., "Line-Spring Model for Surface Cracks in a Reissner Plate", Internat. J. Engineering Science, Vol. 19, 1981, S. 1331 - 1340

[20] Parks, D.M. "Inelastic Analysis of Surface Flaws Using the Line-Spring Model", Proceedings 5th Internat. Conference on Fracture, Pergamon Press, 1981, S. 2589 - 2598

2.4. Brucheinsatz und Bruchausbreitung

Arbeitshypothese :

Der üblichen bruchmechanischen Vorgehensweise entsprechend wird vorausgesetzt, daß sich aus den in den vorigen Abschnitten aufgeführten Parametern zur Charakterisierung der Beanspruchung und des Beanspruchungszustands im Rißspitzenumfeld Kriterien zur Beschreibung des Brucheinsatzes und der Bruchausbreitung ableiten lassen. Die Vielfalt der auftretenden Bruchphänomene kann bekanntlich nicht durch ein universelles Kriterium abgedeckt werden. Deshalb ist eine Untergliederung in Teilbereiche notwendig. Sie kann allerdings nach unterschiedlichen Gesichtspunkten vorgenommen werden. Hier wird folgende Rasterung zugrunde gelegt :

- Brucheinsatz und -ausbreitung bei einsinniger Beanspruchung;
- Bruchausbreitung bei Wechselbeanspruchung.

Phänomene wie Korrosion, Kriechrißwachstum oder schnellverlaufende Bruchvorgänge werden nicht betrachtet.

Das Prinzip bei der Gewichtung der Unterabschnitte ist nicht das einer möglichst vollständigen Behandlung, sondern, schwerpunktartig an Einzelbeispielen die Möglichkeit zur Erfassung von Bruchbeginn und / oder Rißausbreitungscharakteristiken aufzuzeigen und nach der Präzision und Güte der erzielbaren Aussagen zu fragen.

So einfach die auf kontinuumsmechanischen Grundlagen fußende Hypothese ist, daß der Beginn eines Versagensvorgangs durch Überschreiten einer oder mehrerer Beanspruchungsgrößen beschreibbar ist, so schwierig ist es, hierfür geeignete Beanspruchungsgrößen zu finden. Der durch die Bruchmechanik erzielte Fortschritt besteht in der Erkenntnis, daß ein scharfer Riß unter Belastung die gefährlichste Ausgangskonstellation für das Versagen eines Bauteils darstellt und daß insbesondere die Beanspruchung des Rißspitzenumfeldes für die Versagenseinleitung verantwortlich ist. Damit unterscheidet sich die Grundvorstellung der Bruchmechanik, den Brucheinsatz durch kritische, werkstoffspezifische Werte von Beanspruchungsgrößen festzulegen, von älteren Bruchhypothesen nur durch eine präzisere Festlegung der Versagensbedingungen im Rißspitzenbereich. Konsequenterweise hat sich deshalb die Bruchmechanik darauf konzentriert, die Beanspruchungsgrößen dieses Feldes zu untersuchen und ihre Brauchbarkeit für die Versagenscharakterisierung zu prüfen. Die Verschiedenartigkeit der Eigenschaften technisch interessanter Werkstoffe und die Unterschiedlichkeit ihres durch eine Vielzahl von Parametern gesteuerten Verhaltens laufen dabei dem Wunsch nach allgemeingültigen Kriterien zuwider. Die Notwendigkeit von strikten Eingrenzungen der Gültigkeitsbereiche der erzielten Aussagen ist die Folge. Die alte Frage, ob ein Energie-, ein Spannungs-, ein Dehnungs- oder ein Verschiebungskriterium besser greife, erübrigte sich in der linear-elastischen Bruchmechanik zunächst, weil alle diese bruchrelevanten Größen auf den das Singularitätsverhalten bestimmenden Koeffizienten - den Spannungsfaktor K - zurückgeführt werden konnten. Daß selbst unter diesen einfachen Gegebenheiten die Bestimmung werkstoffspezifischer Werte dieses Spannungsfaktors für den als ungünstigste Beanspruchungsbedingung angesehenen Zustand ebener Verformung - der Bruchzähigkeiten K_{Ic} - nicht unproblematisch ist, ist durch eine Vielzahl sorgfältiger Analysen (s. z.B. [1, 2, 3]) hinlänglich bekannt.

Inwieweit sich diese an Proben im ebenen Fall vielfach bestätigten Aussagen auch auf kompexere Situationen übertragen lassen, ist das Thema dieses Abschnitts. Dabei sei einschränkend bemerkt : die für einen Riß unter Normalbeanspruchung nach Modus I entwickelte Vorstellung läßt sich zumindest theoretisch für den ebenen Fall sehr einfach auch auf Risse unter Scherbeanspruchung nach Modus II und III erweitern [4, 5]. Oberflächenrisse unter Scherbeanspruchungen sind bisher wenig untersucht worden. Die geringere technische Bedeutung, nicht zuletzt aber der Schwierigkeitsgrad sind als Ursachen zu nennen. Abgrenzend kann gesagt werden, daß scherbeanspruchte Oberflächenrisse unter dem Zwang zur Auslenkung aus der Rißebene und dem zur Auftrennung der Bruchfront in Sekundärbruchflächen stehen. Das sind im allgemeinen Prozesse, die einen höheren Energieaufwand erfordern als ein Brucheinsatz nach Modus I.

Damit sind sie sicherheitstechnisch von geringerer Relevanz. Über derartige Sicherheitsbetrachtungen hinausgehende Diskussionen würden zu spekulativ ausfallen. Deshalb werden die folgenden Überlegungen nur auf normal beanspruchte Risse beschränkt.

Ausgangssituation:

Die Anzahl der verfügbaren Arbeiten ist für die zu diskutierenden Bereiche sehr unterschiedlich. Die meisten Untersuchungen an Oberflächenrissen konzentrieren sich auf den Brucheinsatz bei weitgehend elastischem Verhalten und auf das Ausbreitungsverhalten bei Ermüdungsbeanspruchung. Die Notwendigkeit präziser Sicherheitsanalysen bei Bauteilen mit hohem Gefährdungspotential hat starke Impulse für die Entwicklung des ersten Gebietes, die Frage nach der Gesamtlebensdauer oder auch nur die nach der Größe von Inspektionsintervallen einzelner Bauteile oder ganzer Konstruktionen unter wechselnder Beanspruchung für die des zweiten Gebietes gegeben. Das Spektrum der Veröffentlichungen ist außerdem durch sehr verschiedenartige Anforderungen an die Aussagegüte gekennzeichnet. Sie kann von dem Wunsch nach grober Abschätzung für eine Ja-Nein-Entscheidung oder dem nach einer präzisen Vorhersage geleitet sein.

2.4.1. Brucheinsatz und -ausbreitung bei einsinniger Beanspruchung

Die prinzipielle Vorgehensweise der Bruchmechanik soll zunächst am Beispiel eines einfachen Gedankenexperiments - dem Zugversuch an einer Scheibe mit einem Mittelriß veranschaulicht werden. Wird die im Versuch ermittelte Versagenslast in Abhängigkeit der Verformungsfähigkeit der Scheibe - in Ermangelung einer besseren Meßgröße etwa in Abhängigkeit von der Temperatur - aufgetragen, so lassen sich auch hier die Grenzsituationen "Tief-" und "Hochlage" unterscheiden (s. Abb. 2.4:1) [6, 7]. Die Tieflage ist dadurch gekennzeichnet, daß das am Bruchvorgang beteiligte Volumen des Rißspitzenumfeldes sehr klein ist. Die die Beanspruchung und das Versagen bestimmenden Größen können weitgehend mit den Methoden der linear elastischen Bruchmechanik (LEBM) ermittelt werden.

In der Hochlage ist die Gesamtscheibe plastisch verformt, der Nahbereich des Rißspitzenumfeldes hat seine dominierende Rolle für die Versagenseinleitung verloren. Die Versagenslast wird durch das Fließverhalten des Werkstoffs bestimmt und kann mit Hilfe von Grenzlastkonzepten berechnet werden.

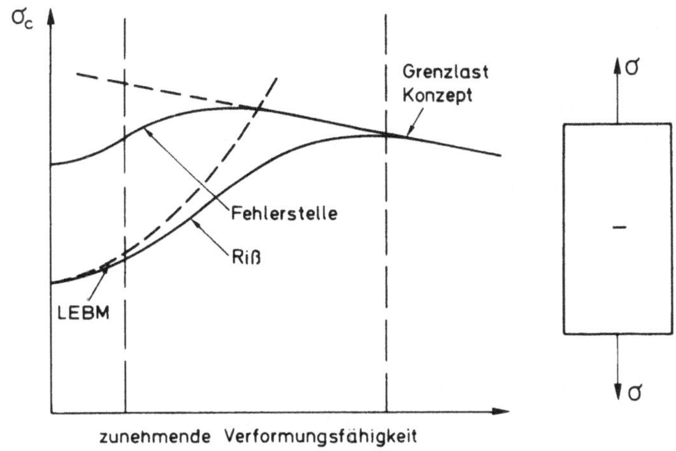

Abb. 2.4:1 : Versagenslast eines Zugversuchs an einer Scheibe mit Mittenfehler

Im Übergangsbereich wird die am Bruchvorgang beteiligte Prozesszone infolge lokaler plastischer Verformung zunehmend größer. Die Zähbruchmechanik stellt für diesen und den Hochlagenbereich auf der Grundlage elastisch-plastischer Rechnungen abgeleitete Beanspruchungsgrößen und Versagenskriterien bereit. Wie die gestrichelte Kurve der Abb. 2.4:1 zeigt, kann eine zu formale, unvorsichtige Anwendung der LEBM im Übergangsbereich zu einer Überschätzung der tatsächlich gegebenen Sicherheit führen. Allerdings wird dieser Effekt zumindest teilweise dadurch kompensiert, daß in diesem Bereich zwischen dem Brucheinsatz und dem eigentlichen instabilen Versagen eine Phase stabiler Rißausbreitung als zusätzliche Sicherheitsreserve auftreten kann.

In der Abbildung ist außerdem angedeutet, daß ein Riß im Gültigkeitsbereich der LEBM als konservative Umschreibung von nichtrißartigen Fehlerstellen benutzt werden kann, denn sie würden zu höheren Versagenslasten führen.

Der hier geschilderte Sachverhalt läßt sich im Prinzip auf das Verhalten von Oberflächenrissen übertragen, obwohl durch die Ortsveränderlichkeit der Beanspruchungen und des Rißwiderstandes entlang der Rißkontur weitere Schwierigkeiten zu erwarten sind, die allerdings der skizzierten Aufteilung nicht widersprechen. Denn für einen Oberflächenriß entfällt meistens die Möglichkeit, die Beanspruchungsbedingungen entlang der Rißkontur im Mittel betrachten zu können, wie sie im ebenen Fall für den durchgehenden Riß unter homogener Belastung in Dickenrichtung besteht. Diese Hürde ist vergleichbar mit der, die bei der Übertragung von Festigkeitsbetrachtungen für homogene, integrale Beanspruchungen - etwa beim Zugstab - auf inhomogene, lokale - etwa im Rißspitzenumfeld - auftritt.

Im folgenden Abschnitt soll diese der Übersichtlichkeit wegen, in ihrer Pauschalität zu sehr vereinfachende Betrachtung weiter vertieft werden.

2.4.1.1. Kriterien

Der Beginn eines Bruchvorgangs ist aus experimenteller Sicht ein so vielseitiger Prozess, daß dem jeweiligen Auflösungsgrad anzumessende, abstrahierende Beschreibungen notwendig sind. Um die vorhandenen kontinuumsmechanischen Werkzeuge anwenden zu können, müssen atomistische und mikrostrukturelle Aspekte weitgehend unterdrückt werden. So bleibt als vereinfachte Modellvorstellung: Ein Oberflächenriß erfährt bei einsinniger Laststeigerung entlang seiner Kontur von der Rißspitze ausgehend eine durch Werkstoffeigenschaften, Beanspruchungszustand, Temperatur und Verformungsgeschwindigkeit bestimmte ortsabhängige plastische Verformung bis schließlich an einem Ort der Rißfront ein Rißzuwachs beginnt. Ob die damit eingeleitete Phase der Bruchausbreitung stabil oder instabil verläuft, hängt von den Werkstoffeigenschaften wie aber auch von der Versuchssteuerung ab.

Während bei ebenen Proben mit annähernd gerader Rißfront der Brucheinsatz meistens integral über die Probendicke bewertet wird, liegt es nahe, bei stark ausgeprägter Ortsveränderlichkeit der Beanspruchungen entlang der Rißkontur, wie sie bei Oberflächenrissen mit gekrümmten Rißfronten oder aber auch bei geradfrontigen Rissen in inhomogenen Spannungsfeldern - möglicherweise durch Thermo- oder Eigenspannungen gegeben - auftreten, die Formulierung des Brucheinsatzkriteriums auf das lokale Wechselspiel von Energieanlieferung und -verbrauch abzustützen.

Zur Erklärung seien einige Definitionen in Anlehnung an [3] eingeführt :

Sieht man von zeitabhängigen Vorgängen ab, sind folgende Energiebeiträge bei der Erweiterung eines Risses von Belang :

$Z = Z^{el} + Z^{pl}$ als Arbeit der äußeren Kräfte aufgeteilt in einen elastischen und plastischen Anteil

U^{el} = die im System gespeicherte elastische Verformungsenergie

U^{pl} = die plastische Verformungsenergie

$\Gamma \cdot A$ = als die zur Schaffung der Rißfläche A notwendige Energie.

Für das belastete System gilt die Energiebilanz :

$$Z = U^{el} + U^{pl} + \Gamma \cdot A \qquad (2.4.:1)$$

Bei einer Weiterbelastung, die mit einer Rißflächenzunahme verbunden ist, stehen der Energiefreisetzungsrate G^{el} als Anlieferungsseite der Bruchwiderstand R auf der Verbraucherseite gegenüber :

$$G^{el} = \frac{\partial (Z^{el} - U^{el})}{\partial A} = \frac{\partial (U^{pl} - Z^{pl})}{\partial A} + \Gamma = R \qquad (2.4.:2)$$

Dabei ist

G^{el} der Zuwachs an elastischer Energie, der bei einer bestimmten Belastung verfügbar ist, wenn die Rißfläche um den Betrag ∂A vergrößert wird; daß dieser Betrag auch negativ sein kann, ist in diesem Zusammenhang uninteressant

R als Riß- oder Bruchwiderstand der auf den Flächenzuwachs bezogene Energieverbrauch

Für den Fall konstanter Probenverlängerung, bei dem von den äußeren Kräften keine Arbeit verrichtet wird, vereinfacht sich Gleichung 2.4.:2 zu :

$$G^{el} = - \frac{\partial U^{el}}{\partial A}\bigg|_{v=const} = \frac{\partial U^{pl}}{\partial A}\bigg|_{v=const} + \Gamma = R \qquad (2.4.:3)$$

Da zudem zwischen Energiefreisetzungsrate G und Spannungsfaktor K der Zusammenhang

$$G_I = \frac{K_I^2}{E} \qquad \text{im ESZ}$$

$$G_I = \frac{K_I^2}{E}(1 - \nu^2) \qquad \text{im EDZ} \qquad (2.4.:4)$$

bekannt ist, läßt sich mit diesem Rüstzeug in Analogie zu der bei ebenen Problemen üblichen Vorgehensweise der Brucheinsatz bei Oberflächenrissen oder bei ortsvariabler Beanspruchung wie folgt definieren: Ein Bruch setzt ein, wenn an einem Ort der Rißkontur $s = s_1$ die Energiefreisetzungsrate G_I oder der Spannungsfaktor K_I einen kritischen, an dieser Stelle wirksamen Wert des Bruchwiderstandes $R = R^c$ oder der Bruchzähigkeit $K_I{}^c$ überschreitet; d.h.

$$G_I\ (s = s_1) \geq G_I{}^c\ (s = s_1) = R^c$$

oder (2.4.:5)

$$K_I\ (s = s_1) \geq K_I{}^c\ (s = s_1)$$

Das System versagt instabil, wenn zudem die Bedingung

$$\frac{\partial G_I}{\partial A}\bigg|_{\sigma_o = \sigma_c} \geq \frac{\partial R}{\partial A}\bigg|_{\sigma_o = \sigma_c} \qquad (2.4.:6)$$

erfüllt ist, d.h. wenn bei konstantgehaltener Last σ_o der Zuwachs der Energiefreisetzungsrate bei der Rißflächenvergrößerung größer bleibt als die Zunahme des Energieverbrauchs.

Die Anwendung dieses ortsabhängigen Bruchkriteriums wird nur dann übersichtlich, wenn vorausgesetzt werden kann, daß der Bruchwiderstand entlang der Rißkontur konstant ist. Da dieser jedoch neben dem Aufwand für die Schaffung neuer Rißfläche auch den für die Bildung plastischer Zonen enthält, ist eine derartige - häufig stillschweigend getroffene - Annahme nur in Grenzfällen zu rechtfertigen.

Sie ist richtig, wenn der Anteil plastischer Verformung beim Bruchvorgang oder die Änderung des Beanspruchungszustandes entlang der Kontur vernachlässigbar gering sind; je spröder also das Werkstoffverhalten ist. In diesem Fall ist der in Abb. 2.4.:2 für einen flachen Oberflächenriß ($a/c = 0{,}2$) unter Zugbeanspruchung skizzierte Bruchablauf zu erwarten. Es werden drei Stellen der Bruchfront ($\Phi = 0°$, $45°$, $90°$) verglichen. Nach [8] sind die eingezeichneten Normalen l_ϕ an die Halbellipse

$$l_\phi = a(a^2/c^2 \sin^2 \Phi + \cos^2 \Phi)^{1/2} \qquad (2.4.:7)$$

entsprechend der Gleichung 2.2.:1 die für die Energiefreisetzungsrate bestimmenden Längenparameter; denn danach ist :

$$G_I = \frac{K_I^2}{E}(1 - \nu^2) = \frac{\sigma_m^2 \cdot \pi(1 - \nu^2)}{E \cdot E_2^2(a/c)} \cdot F_m{}^2 \cdot l_\phi \qquad (2.4.:8)$$

Die relativ geringe Ortsabhängigkeit der Korrekturfunktion $F_m{}^2$ ist - für den gewählten Fall - aus den Unterschieden in den folgenden Proportionalitäten abzulesen : Denn im Vergleich zu den nach Raju-Newman berechneten Verhältnissen der örtlichen Energiefreisetzungsraten :

$$G_I(0°) \; : \; G_I(45°) \; : \; G_I(90°) \; =$$

$$M_m^2(0°) \; : \; M_m^2(45°) \; : \; M_m^2(90°) \; = \; 1 : 0{,}72 : 0{,}28;$$

ist das Verhältnis der zugehörigen Normalen

$$l_{0°} : l_{45°} : l_{90°} = 1 : 0{,}72 : 0{,}20$$

Im ersten Beispiel steht der Energieanlieferung ein konstanter Bruchwiderstand gegenüber. Wenn der Bruch im Punkt A einsetzt, nimmt infolge der damit verbundenen Rißflächenvergrößerung die Energie in den Punkten B und C zu, ohne daß jedoch der Bruchwiderstand schon überwunden werden kann. Wie in Abb. 2.4.:2 angedeutet, fallen die Abschätzungen für die Anhebung der Energiefreisetzungsrate etwas zu hoch aus, weil sie auf der Annahme einer Halbachsenvergrößerung statt auf der des tatsächlichen Flächenzuwachses ΔA fußen. Im Scheitelpunkt setzt dagegen infolge weiterer Energiezunahme bereits eine Beschleunigungsphase ein. Nebenbei bemerkt trägt diese Anfangsphase beim ebenen Rißproblem zu erheblichen Unsicherheiten in der Kennwertbestimmung bei. Erst mit der Messung von Sprödbruchkennwerten bei definierten Bruchgeschwindigkeiten erreichten Kerkhof/Richter [9] eine erhebliche Reduzierung der Streuung.

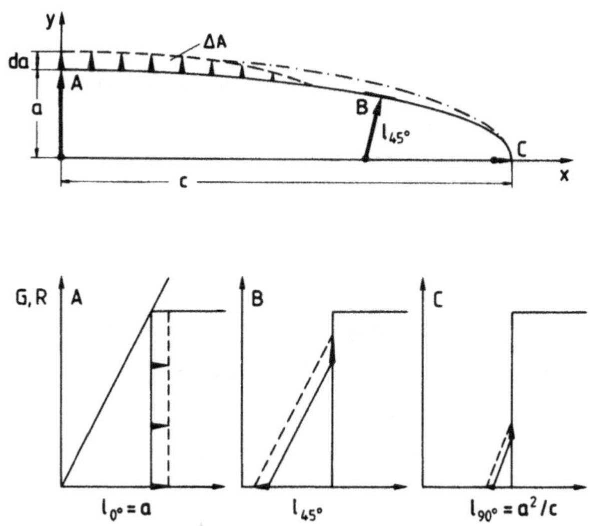

Abb. 2.4.:2 : Brucheinsatz bei einem zugbelasteten Oberflächenriß ($a/c = a/t = 0{,}2$) in einer Scheibe; sprödes Werkstoffverhalten; konstanter Bruchwiderstand R.

Die Richtigkeit der Annahme eines konstanten Bruchwiderstandes ist jedoch anzuzweifeln, wenn eine Variation des Beanspruchungszustandes bzw. der damit gekoppelten plastischen Verformung oder der Werkstoffeigenschaften entlang der Kontur auftreten. Die Diskussion in Abschnitt 2.1.1.2. hat gezeigt, welch starken Einflüssen der Beanspruchungszustand - im Maß des Mehrachsigkeitsquotienten erfaßt - unterliegt. In Abb. 2.4:3 ist ein fiktives Beispiel für einen zugbelasteten Oberflächenriß in einer Scheibe (a/c = 0,6, a/t = 0,4) konstruiert. Die Ortsabhängigkeit der Energiefreisetzungsrate läßt sich wiederum aus der Proportionalität

$$G_{I(0°)} : G_{I(45°)} : G_{I(90°)} = 1 : 0{,}85 : 0{,}77$$

an den drei Stellen der Rißfront Φ = 0°, 45°, 90° ablesen. Daß für diesen tieferen Riß eine stärkere Korrekturfunktion maßgebend ist, folgt aus den Abweichungen in den Verhältnissen

$$l_{0°} : l_{45°} : l_{90°} = 1 : 0{,}83 : 0{,}6.$$

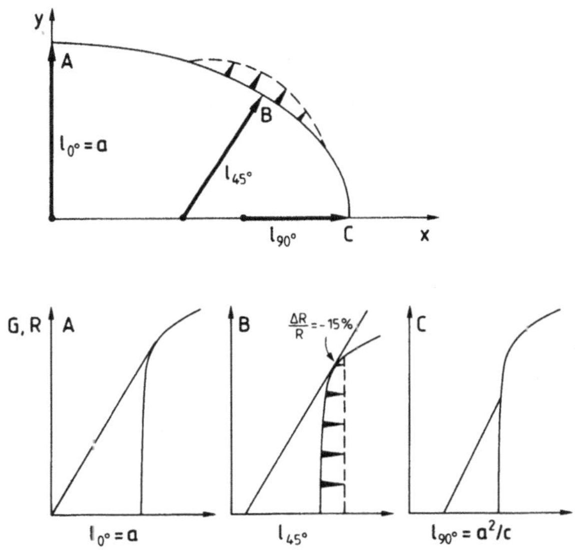

Abb. 2.4:3 : Brucheinsatz bei einem zugbelasteten Oberflächenriß (a/c = 0,6, a/t = 0,4) in einer Scheibe; variabler Bruchwiderstand

Während bei konstantem Bruchwiderstand der Brucheinsatzpunkt wie im ersten Beispiel im Scheitelpunkt des Risses liegt, wird er an die Stelle $\Phi = 45°$ verlagert, wenn dort der Widerstand nur um 15 % geringer ist. Trotz des willkürlichen Ansatzes zeigt dieses Beispiel, wie anfällig der Brucheinsatzpunkt und die Rißformentwicklung gegen geringfügige Schwankungen der Parameterwerte entlang der Rißkontur sind.

Für elastisch-plastisches Werkstoffverhalten bleiben diese Überlegungen nur bedingt gültig. Als Werkzeug steht das J-Integral in der verallgemeinerten Energiedefinition zur Verfügung [3, 10, 11, 12]. Danach ist J bei einer Rißvergrößerung um das Flächenelement dA gleich der negativen Änderung der gesamten potentiellen Energie im System

$$J = -\frac{dP}{dA} \qquad (2.4.:9)$$

mit $P = P^{el} + P^{pl} = U^{el} + U^{pl} - Z^{el} - Z^{pl}$

Streng genommen hält diese Definition nur für linear und nicht linear elastisches Werkstoffverhalten, d.h. noch für Ansätze nach Maßgabe der Deformationsplastizität, aber nicht mehr für die inkrementelle Fließtheorie. Dieser Definition entsprechend kann J nur im Grenzfall linear elastischen Verhaltens mit der Energiefreisetzungsrate G übereinstimmen; denn sie wurde als die negative Änderung des elastischen Anteils der potentiellen Energie $P^{el} = U^{el} - Z^{el}$ eingeführt. Trotz des definitorischen Unterschiedes bewährt sich auch für J die Aufteilung in eine Anlieferungs- und Verbrauchsseite (nach Paris [13] $J_{applied}$ und $J_{material}$) und die Verfolgung des Widerstandskonzepts. Schon im ebenen Fall zeichnen sich Rißwiderstandskurven ($J_{material}$ über dem stabilen Rißzuwachs Δa) durch ausgeprägte Abhängigkeiten von der Probengeometrie und dadurch bedingte Änderungen der Verformungsbehinderungen im rißspitzennahen Bereich aus [14]. Der Wunsch, hierauf aufbauend eine Bauteilbewertung vornehmen zu können, ist in der Vorstellung begründet, daß eine Zuordnung der Bauteilbeanspruchung nach Maßgabe des $J_{appl.}$ zu der für diese Beanspruchungsart repräsentative Widerstandskurve möglich ist. Diese Vorgehensweise läßt sich zur Zeit nur mit Hilfe grober Vereinfachungen verwirklichen.

So bietet sich für die Bewertung eines flachen Oberflächenrisses in einer dicken Wandung etwa folgender Weg an:

- geometrische Idealisierung der halbelliptischen Kontur zum Rechteck (s. Abschnitt 2.3.2.)
- näherungsweise Berechnung der Beanspruchungen in Tiefen- und Seitenrichtung
- Bewertung durch die zugehörigen Widerstandskurven.

Unterschiedlichkeiten in der Beanspruchung wie in den entgegenwirkenden Rißwiderstandskurven führen dann zu richtungsabhängigen, verschieden großen Reserven zwischen Einsatz stabilen Rißwachstums und instabilem Versagen. Die für weitergehende Voraussagen von Versagensabläufen notwendigen Kenntnisse stehen erst ansatzweise zur Verfügung und müssen durch weitere aufwendige, insbesondere experimentell abgestützte Untersuchungen erarbeitet werden.

2.4.2. Bruchausbreitung bei Wechselbeanspruchung

Die Aufgabenstellung dieses Abschnitts wird in der Verfolgung der Frage nach der Form gesehen, die ein Riß unter dem Einfluß der Beanspruchungs- und Geometriebedingungen während der Ausbreitung annehmen wird. Hiermit sind die Fragen nach der Lebensdauer eines Bauteils, nach Leck-vor-Bruch-Bedingungen eng verknüpft, wenn nicht identisch.

Allerdings ist die Vielfalt möglicher Einflußgrößen bei einer Wechselbeanspruchung so groß, daß eine Aussicht auf eine einigermaßen genaue Problemlösung nur dann besteht, wenn strikte Eingrenzungen des Parameterfeldes vorgenommen werden.

Da zum gegenwärtigen Zeitpunkt nur das K-Konzept als methodisches Hilfsmittel für eine solche Beschreibung zur Verfügung steht, sind dessen Anwendbarkeitsgrenzen abzustecken; etwa durch die Forderungen

$$\sigma_{max} < 0{,}6\ R_{p0.2} \quad ; \quad \sigma_{min} > 0$$

$$r_o/a \ll 1$$

mit

$R_{p0.2}$ = 0.2 % -Dehngrenze
r_o = Größe der Prozesszone
a = Rißtiefe

Denn die Anwendung des K-Konzepts setzt implizit voraus, daß die Größe der Prozesszone r_o, in dem der lokale Versagensvorgang stattfindet, klein ist gegen die Rißlänge a. Sonst wird das lokale Spannungsfeld vor dem Riß nicht durch den singulären K-Term, sondern mit zunehmendem Abstand von der Rißspitze durch die Terme höherer Ordnung bestimmt. Aus dem Vergleich der näherungsweisen mit der vollständigen Lösung in Tabelle 2.1:T1 geht z.B. hervor, daß eine derartige Abweichung in der Beanspruchung senkrecht zur Rißebene bereits ca. 50 % betragen kann, wenn das Verhältnis $r_o/a \approx 0{,}1$ ist.

Da - wie in Abchnitt 2.1.1.2. begründet - anzunehmen ist, daß Mikrorisse (etwa im Bereich $0{,}5 \leq a \leq 5$ mm) bei gleicher Rißfortschrittsrate eine Prozesszone etwa gleicher Größe aufweisen wie Makrorisse ($a \geq 20$ mm), ist das r_o/a-Verhältnis bei kleinen Rissen deutlich größer. Das wiederum heißt, daß der Spannungsfaktor für kleine Risse nur dann noch die dominierende Einflußgröße zur Beschreibung des bruchbestimmenden Spannungsfeldes sein kann, wenn die Prozesszone extrem klein bleibt (etwa $r_o \leq 0{,}05$ mm). Das ist bei technisch hauptsächlich interessierenden Werkstoffen und realen Beanspruchungen selten der Fall [15].

Werden zudem die den Rißfortschritt bewirkenden Belastungsfunktionen durch Forderung der Konstanz

- in der Form, z.B. Sinus
- in der Amplitude, d.h. $\bar{R}$ = Unter-/Oberlast = const. z.B. $\bar{R} = 0$
- in der Frequenz
- der Umgebungseinflüsse

eingegrenzt, läßt sich die Rißausbreitung zumindest im ebenen Fall durch empirisch begründbare Beziehungen der Art

$$da/dN = F(\Delta K, \bar{R}, K_c) \qquad (2.4.:10)$$

im einfachsten Fall durch die von Paris [16] angegebene Formel

$$da/dN = C\,\Delta K^n \qquad (2.4.:11)$$

beschreiben. Denn bei doppelt logarithmischer Auftragung des Rißfortschritts da/dN über der Schwingbreite des Spannungsfaktors ΔK lassen sich etwa drei lineare Bereiche, die durch drei Konstantenpaare C_i, n_i, charakterisierbar sind, festlegen.

Eine Verallgemeinerung dieser Beziehung für den Oberflächenriß beinhaltet bei Voraussetzung isotropen Werkstoffs nur die Einbeziehung der Ortsveränderlichkeit des Spannungsfaktors entlang der Rißkontur

$$dl(\Phi)/dN = C\,[\Delta K(\Phi)]^n \qquad (2.4.:12)$$

mit

$dl(\Phi)$ = Rißzuwachs an der durch den Winkel Φ gekennzeichneten Stelle des Oberflächenrisses.

Nicht isotropes Werkstoffverhalten kann in grober Näherung durch die Ortsveränderlichkeit der "Konstanten" $C = C(\Phi)$ berücksichtigt werden.

Bei einer geometrisch vereinfachenden Umschreibung des Risses durch Halbellipsen läßt sich die Frage nach der Rißform auf die nach dem Rißzuwachs in Halbachsenrichtung reduzieren, also auf

$$dc/da = (C_c/C_a)\,[\Delta K(90°)/\Delta K(0°)]^n \approx$$
$$\approx (C_c/C_a)\,[M(90°)/M(0°)]^n \qquad (2.4.:13)$$

Allerdings ist diese Vorgehensweise nur sinnvoll, wenn sich bei einer Rißvergrößerung wiederum die Form einer Halbellipse einstellt. Diese Annahme kann sicherlich nur näherungsweise erfüllt werden und muß deshalb weiter überprüft werden. Für die weiteren Schritte sei zunächst ihre Gültigkeit vorausgesetzt (vgl. S. 107 ff).

Für die Beurteilung der Ausbreitung von Rissen ist es wichtig zu wissen, ob deren Tiefen- oder Breitenwachstum überwiegt, d.h. ob

- dc/da < 1 - und damit das Tiefenwachstum - oder
- dc/da > 1 - und damit das Breitenwachstum dominiert - oder ob
- dc/da = 1 - und damit das Tiefen- und Breitenwachstum gleich ist.

Da das Verhältnis M(90°)/M(0°) meistens nur für Einzelwerte bekannt ist, kann das Verhältnis des Rißzuwachses dc/da nur punktuell berechnet werden. Die Aussageunschärfe ist infolge des Potenzierens eines Quotientens sehr hoch und durch

$$\pm 2n\,M(\Phi) \approx \pm 10 \cdot n\ \%$$

also für n = 4 mit ca ± 40 % anzugeben. Derartige für die Exponenten n = 2 und n = 4 resultierenden dc/da-Verhältnisse sind für den Fall der Zugbeanspruchung in Abb. 2.4:4, für den Fall der Biegebeanspruchung in Abb. 2.4:5 aufgetragen. Diese Auftragungen bieten als Richtungsfeld einer Differentialgleichung die Möglichkeit, Rißverläufe für vorgegebene Anfangswerte zu interpolieren. Auf diese Weise wurden die vier nachfolgenden Abbildungen konstruiert. Die Abb. 2.4:6 und 7 zeigen charakteristische Rißverläufe, die sich für eine vorgegebene Anfangsrißtiefe a/t = 0,2, unter reiner Zugbeanspruchung einstellen würden, wenn die stark vereinfachenden Voraussetzungen - Gültigkeit des Parisschen Rißwachstumsgesetzes und isotroper Werkstoff - erfüllt sind. Die Rißabmessungen werden primär durch das Verhältnis der Spannungsfaktoren, sekundär aber auch durch die Rißwachstumsexponenten n gesteuert. Je größer der Exponent n ist, desto ausgeprägter ist das bis zur Scheibenrückseite erreichbare Breiten- zu Tiefenverhältnis.

Die Abbildung 2.4:8 und 9 geben die entsprechenden Rißverläufe für eine Biegebeanspruchung bei sonst gleichen Annahmen wieder. Das dominierende Breitenwachstum fällt besonders auf. Daß unter derartiger Beanspruchungsbedingung sich ein "Bruch" vor "Leck" einstellen kann, ist naheliegend.

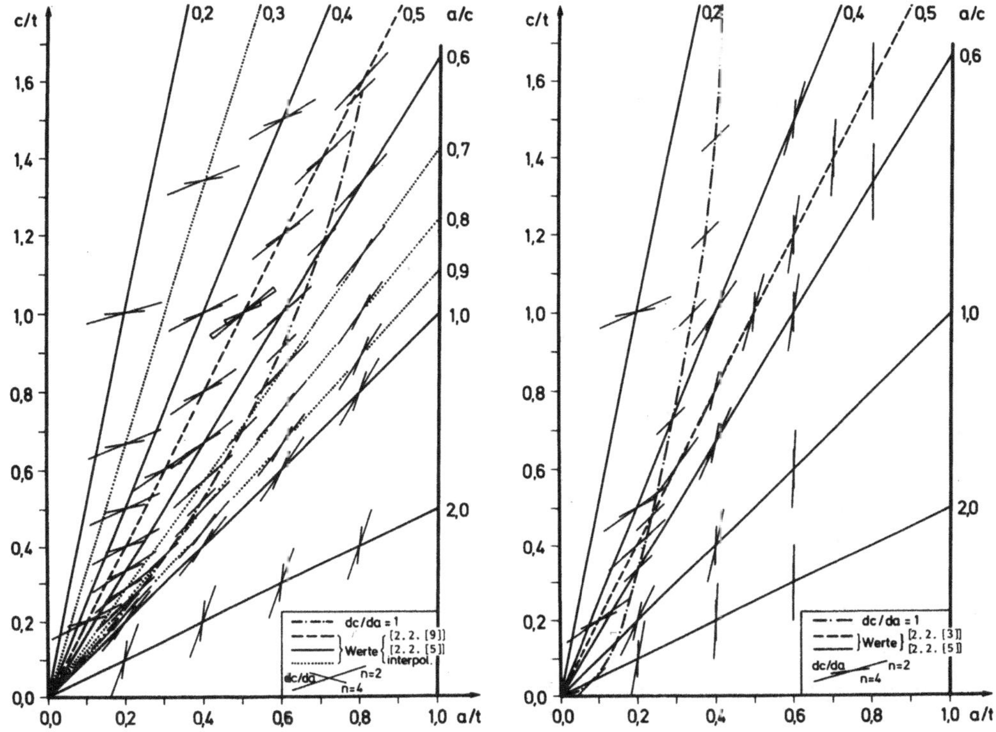

Abb. 2.4:4 und 2.4:5 : Richtungsfeld dc/da = $[M(90°)/M(0°)]^n$ für halbelliptische Oberflächenrisse unter
4 : Zugbeanspruchung
5 : Biegebeanspruchung

Da die meisten in der Praxis interessanten Beanspruchungen sich zumindest näherungsweise auf eine Überlagerung von Zug- und Biegebeanspruchungen zurückführen lassen, sind die für diese Fälle typischen Ausbreitungsmerkmale als überschaubare Grenzfälle anzusehen. Aus ihnen lassen sich mit einigem Geschick Tendenzen für die bei komplizierteren Beanspruchungen zu erwartenden Rißformen ablesen. Selbstverständlich ist eine wesentliche Voraussetzung dabei, daß die bisherigen Einschränkungen für das Parameterfeld übertragen werden können, oder daß die Auswirkung zusätzlicher Parameter zumindest näherungsweise erfaßt werden kann. Als Beispiel hierfür sei der Einfluß der Anisotropie,

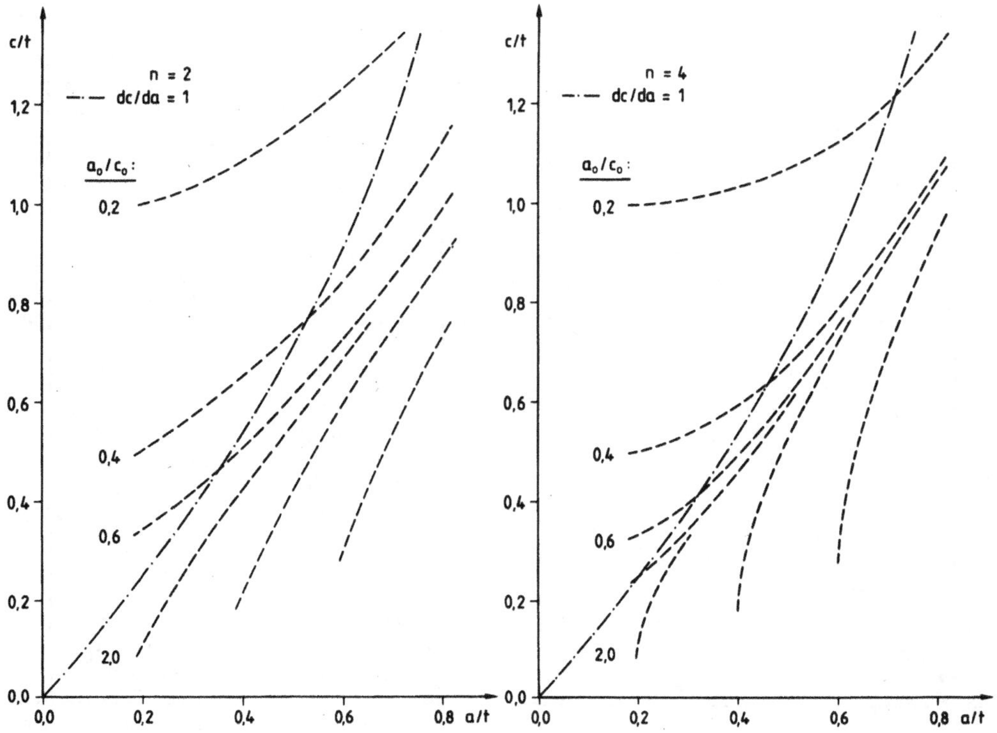

Abb. 2.4:6 und 2.4:7 : Charakteristische Verläufe von Oberflächenrissen einer Anfangstiefe a/t = 0,2 unter reiner Zugbeanspruchung für verschiedene Rißwachstumsexponenten
6 : n = 2
7 : n = 4

der nach Gleichung (2.4:13) durch das Konstantenverhältns C_c/C_a abgeschätzt werden kann, angeführt. Der in [17] angesetzte Wert $C_c/C_a = (0,9)^n$ bedeutet z.B. für den Exponenten n = 2 eine etwa 20%ige Stauchung der c/t- über a/t-Kurven.

Unter Beibehaltung der Voraussetzung, daß der wachsende Riß immer wieder eine Halbellipsenform annimmt, wird die Frage nach den sich während der verschiedenen Rißausbreitungsstadien einstellenden

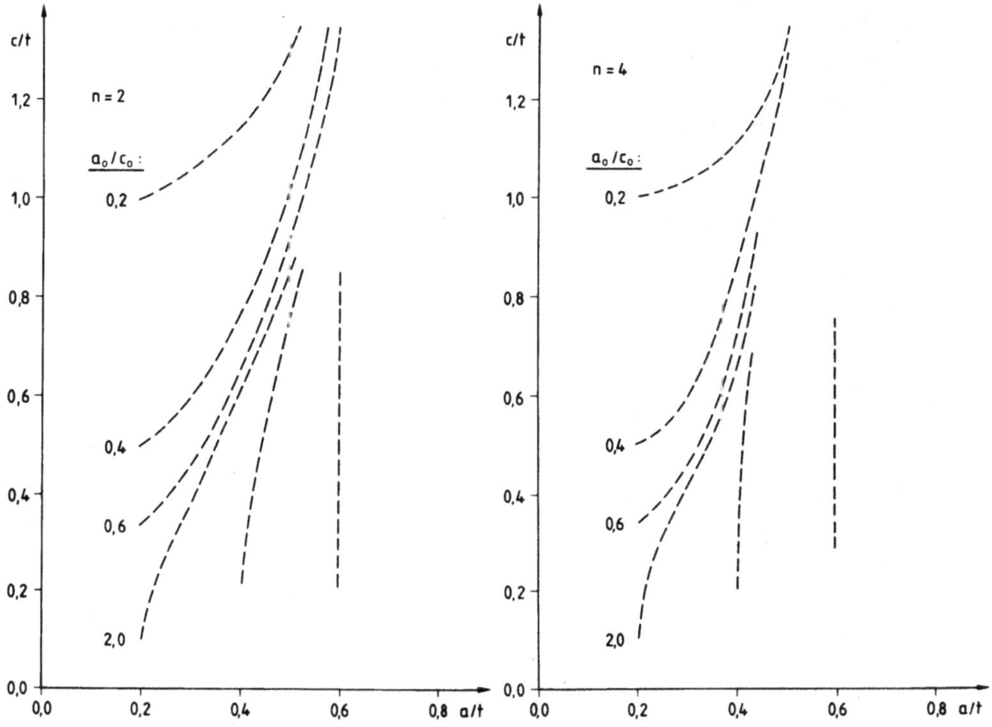

Abb. 2.4:8 und 2.4:9 : Charakteristische Verläufe von Oberflächenrissen einer Anfangstiefe $a_o/t = 0,2$ unter Biegebeanspruchung für verschiedene Rißwachstumsexponenten

8 : n = 2

9 : n = 4

Halbachsenverhältnissen überlicherweise [17, 18, 19] durch eine schrittweise numerische Integration der Gleichungen

$$\frac{dc}{dn} = C_c \Delta K_c^{\,n} \tag{2.4:14}$$

und

$$da = \frac{C_a}{C_c} \left(\frac{\Delta K_a}{\Delta K_c} \right)^n dc \tag{2.4:15}$$

beantwortet. Der zunächst berechnete inkrementelle Rißzuwachs "dc" entlang der Oberfläche wird zur Bestimmung des Rißzuwachses in Tiefenrichtung "da" in die Gleichung (2.4:15) eingesetzt.

Eine Direktintegration der Gleichung (2.4:13) ist nur möglich, wenn die Funktion M(90°)/M(0°) = M(a/c, a/t, c/W) für alle Parameterwerte bekannt ist. Für den Sonderfall der reinen Zugbeanspruchung liegt der Versuch nahe, mit Hilfe der in Abschnitt 2.2.1.3. angegebenen Näherungsformel zur K_I-Berechnung die einfach integrierbare Differentialgleichung aufzustellen :

$$\frac{dc}{da} \approx \frac{C_c}{C_a} \left[\frac{K_{Im}(90°)}{K_{Im}(0°)}\right]^n = \frac{C_c}{C_a} \left(\frac{a}{c}\right)^{n/2} (1{,}1 + 0{,}35(a/t)^2)^n \qquad (2.4:16)$$

Unter Einführung der Variablen y = c/t und x = a/t sowie der Konstanten α = 1,1 und β = 0,35 läßt sich die separierbare Differentialgleichung

$$(C_a/C_c)y' = (x/y)^{n/2} (\alpha + \beta x^2)^n \qquad (2.4:17)$$

in folgende Integrale umformen :

$$\frac{2}{n+2} \frac{C_a}{C_c} y^{\frac{n+2}{2}} \Big|_{y_0}^{y} = \int_{x_0}^{x} x^{n/2}(\alpha + \beta x^2)^n \, dx \qquad (2.4:18)$$

Leider sind die in diese näherungsweise Integration eingehenden Fehler so groß, daß die so einfach erzielbaren Lösungen für eine genaue Rißformanalyse nicht verwertbar sind. Das sei am Beispiel n = 2 aufgezeigt. Hierfür ergibt sich als Lösung

$$c/t - c_0/t = (C_c/C_a)^{1/2}(a/t) \{1{,}21 + 0{,}385(a/t)^2 + 4{,}08\ 10^{-2}(a/t)^4\}^{1/2} \Big|_{a_0}^{a}$$

$$\approx 1{,}1(C_c/C_a)^{1/2}(a/t)\ (1 + 0{,}16(a/t)^2 \Big|_{a_0}^{a} \qquad (2.4:19)$$

Die aus dieser Lösung resultierende Rißentwicklung ist im Vergleich zu der graphisch integrierten in Abb. 2.4:10 für das Beispiel n = 2 und a_o/c_o = 0,4 aufgetragen. Sie ist nahezu linear in a/t und gibt damit die zu erwartenden Geometrieeinflüsse der Probenberandung nur schlecht wieder. Dennoch liegen die Kurven innerhalb des Fehlers $\pm\ 2\ n\Delta M/M \approx \pm\ 20\ \%$. Die Fehleranfälligkeit kann zwar durch die bereits erwähnte sorgfältige, inkrementelle numerische Integration reduziert werden; trotzdem gilt es jedoch, in jedem Anwendungsfall zu bedenken, daß die Gewinnung dieser Aussagen zur Rißformentwicklung nur aufgrund einer Reihe zusätzlicher, vereinfachender Voraussetzungen möglich war.

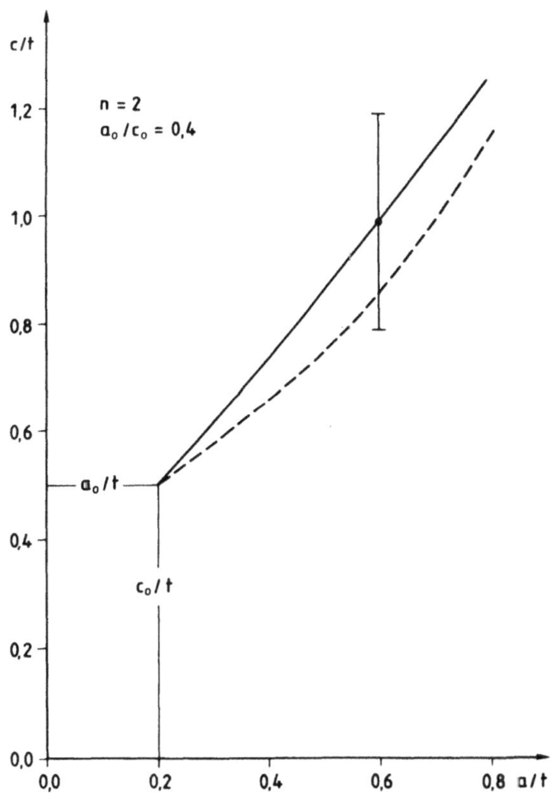

Abb. 2.4:10 : Vergleich der nach verschiedenen Verfahren integrierten Rißentwicklung bei Zugbeanspruchung; gestrichelt : $\hat{=}$ graphisch, ausgezogen $\hat{=}$ Gleichung 2.4.:19

Eine dieser Voraussetzungen war, daß bei der Ausbreitung die Form der Halbellipse erhalten bleibt. Daß diese für viele Autoren scheinbar selbstverständliche Forderung nicht ohne weiteres erfüllt wird, geht aus einer ersten groben Schätzung in Abb. 2.4:11 hervor und wird im Folgenden durch genauere Berechnungen belegt. In Abb. 2.4:11 sind graphisch in sehr großer Schrittweite aus dem Anfangsriß a_0/c_0 = 0,2 unter Zugbeanspruchung nach dem Rißrotschrittsgesetz (Gl. 2.4.:12) für den Exponenten n = 4 entstehenden Rißfronten konstruiert (gestrichelt) und jeweils durch Halbellipsen (ausgezogen) genähert.

Um zu einer allgemeinen und genaueren Aussage zu kommen, sind in den Abbildungen 2.4:12 und 13 die normierten Korrekturfunktionen M(Φ)/M(0°) für die Potenzen n = 1,2,4, über dem Winkel Φ aufgetragen. Als Beispiele wurden Extremfälle von zug- und biegebelasteten Oberflächenrissen mit starker örtlicher Variation des Spannungsfaktors entlang der Rißfront ausgewählt. Unter der Annahme, daß der Rißzuwachs in den Halbachsenrichtungen a und c den für die Winkel Φ = 0° und 90° resultierenden Werteverhältnissen entspricht,

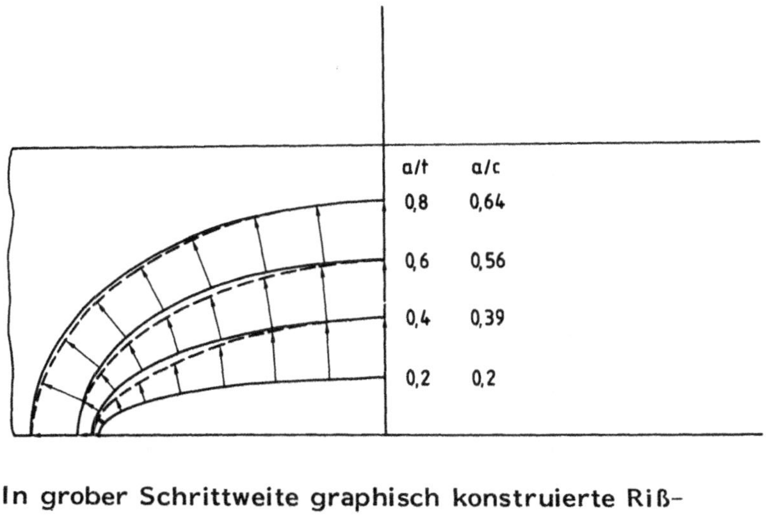

Abb. 2.4:11 : In grober Schrittweite graphisch konstruierte Rißfronten (gestrichelt) im Vergleich zur jeweils genäherten Halbellipsenform (ausgezogen). Zugbeanspruchung; n = 4

ist die Abweichung von der Ellipsenform für alle anderen Winkel anhand der folgenden Überlegung berechenbar: Würde sich die ursprüngliche Halbellipse (a, c) zu der neuen Ellipse (a + da, c + dc) erweitern, so wäre der Rißzuwachs in Normalenrichtung an einem beliebigen durch den Winkel Φ gekennzeichneten Punkt der Rißfront

$$dl = dl(\Phi, a/c, da, dc) \qquad (2.4:20)$$

aus dem Abstand dieses Ausgangspunktes von dem durch den Winkel Φ_2 gekennzeichneten Schnittpunkt der neuen Ellipse mit der Normalen zu bestimmen. Das ergibt mit der in Abb. 2.2:1 eingeführten Parameterdarstellung der Ellipsen die Bestimmungsgleichung

$$\frac{dl}{da} = \frac{a}{da}\left\{\left(1 + \frac{da}{a}\right)\cos\Phi_2 - \cos\Phi\right\}\left\{1 + \frac{a^2}{c^2}\tan^2\Phi\right\}^{1/2} \qquad (2.4:21)$$

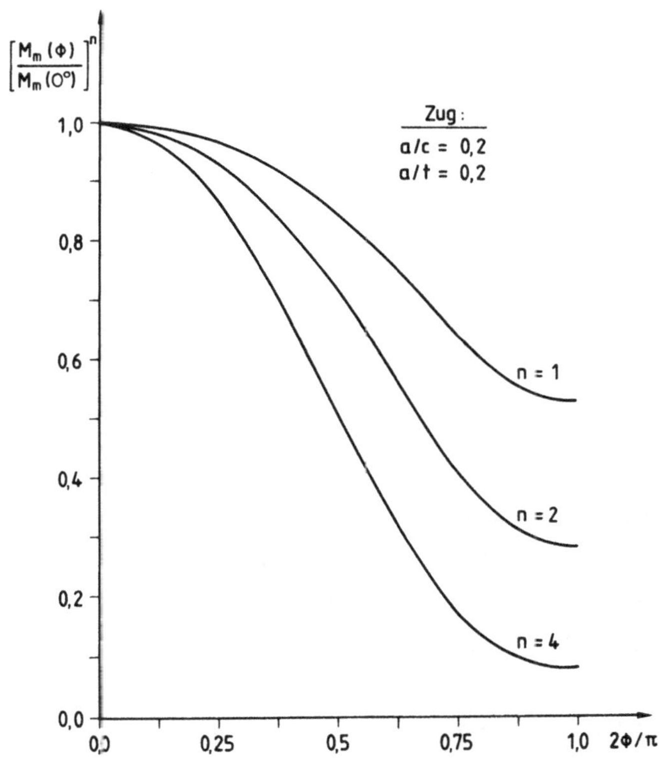

Abb. 2.4:12 und 2.4:13 : Normierte Korrekturfunktion M(Φ)/M(0°) in Abhängigkeit des Winkels Φ

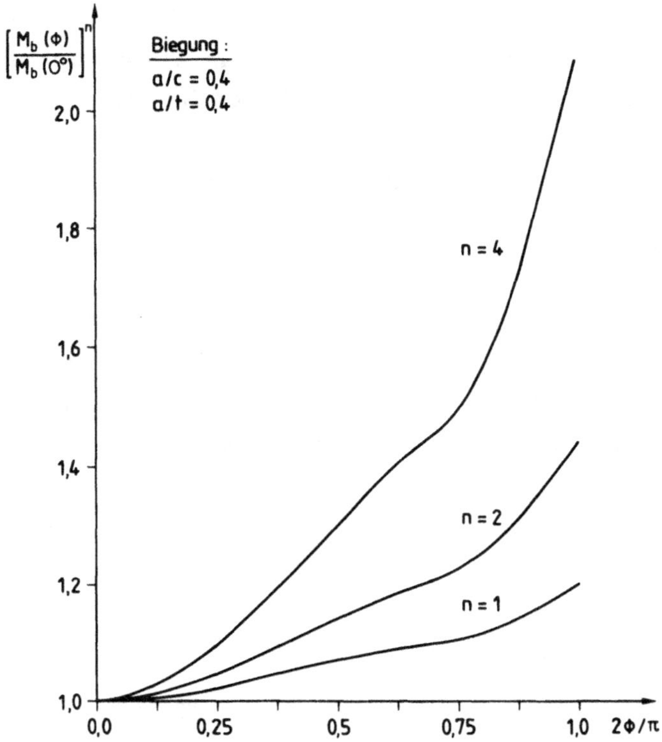

Abb. 2.4:13

Hierbei ist der Schnittwinkel Φ_2 aus den angegebenen geometrischen Überlegungen einsetzbar. Zur Veranschaulichung sind in den folgenden Abbildungen 2.4:14 bis 17 die bereits eingeführten Beispiele in Abhängigkeit des Winkels Φ die auf diese Weise resultierenden Relativabstände $dl(\Phi)/da$ der elliptischen Rißformen im Vergleich zum relativen Rißzuwachs $dl(\Phi)/da \propto [M(\Phi)/M(0°)]^n$ nach Maßgabe des örtlichen Spannungsfaktors wiedergegeben. Verallgemeinerungsfähige Tendenzen, für welche Beanspruchungs- und Geometrieverhältnisse die größten Formabweichungen zu erwarten sind, lassen sich aus den Beispielen nicht ohne weiteres ablesen. Relativabweichungen bis zu 50 % legen allerdings die Vermutung nahe, daß die Rückwirkung der rechnerischen Rißformidealisierung auf die durch schrittweise Integration voraussagbare Endform eines Risses sicherlich nicht in jedem Fall vernachlässigbar klein bleibt.

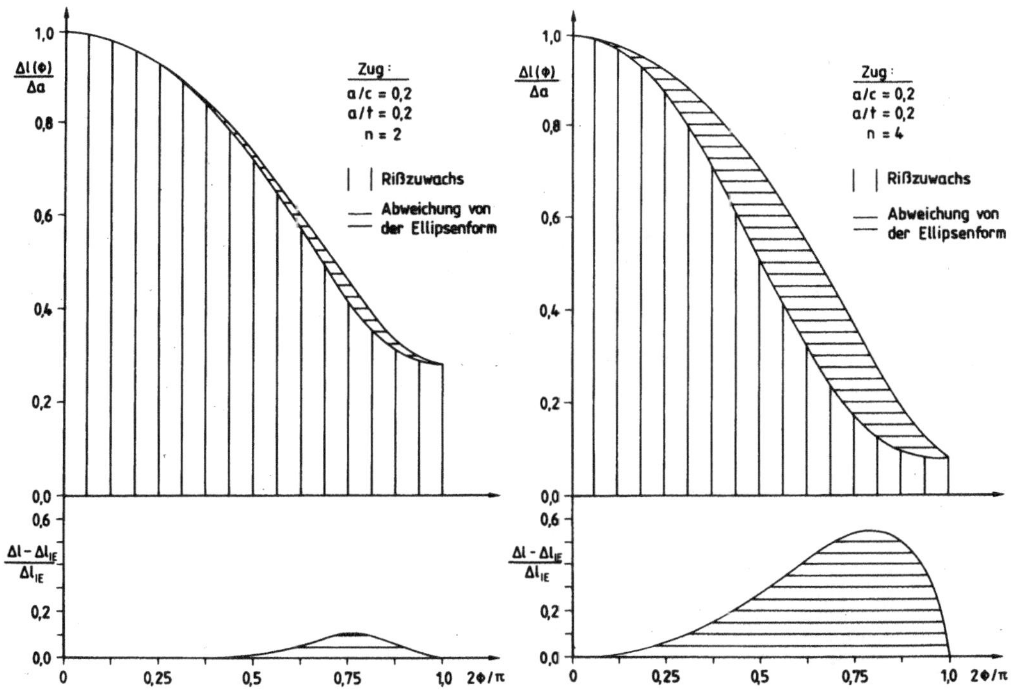

Abb. 2.4:14 und 2.4:15 : Abweichungen von der Ellipsenform bei Rißzuwachs unter Zugbeanspruchung für n = 2 und 4

Den Einfluß derartiger Formabweichungen auf die Spannungsfaktorverteilung entlang der Rißkontur abzuschätzen, ist äußerst schwierig. Der örtliche Spannungsfaktor wird neben der Last primär durch die dominierenden Geometrieparameter a, a/c, a/t, Φ bestimmt. Die Skizze in Abb. 2.4:18 deutet an, daß eine Fixierung dieser Parameter eine Reihe weiterer Einflußmöglichkeiten bei nicht ellipsenförmigem Rißfrontverlauf offen läßt. Neben der Rißfläche wird dabei die Rißfrontkrümmung eine Rolle spielen. Eine Abnahme der Krümmung hat in der Tendenz eine Zunahme des örtlichen Spannungsfaktors zur Folge.

Aus den vorangehenden Überlegungen folgt, daß die Annahmen :

- Beibehaltung halbelliptischer Rißformen während der Bruchausbreitung

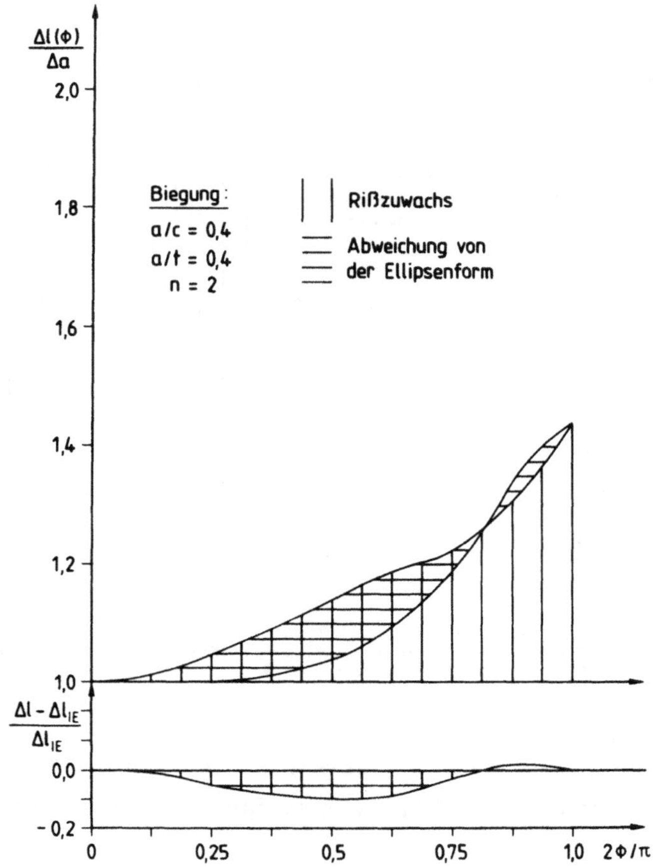

Abb. 2.4:16 und 2.4:17 : Abweichungen von der Ellipsenform bei Rißzuwachs unter Biegebeanspruchung für n = 2 und 4

- Regelung des Rißzuwachses durch ein örtlich wirksames Bruchausbreitungskriterium nach Art der Paris-Formel

miteinander unverträglich sind.

Vorgreifend auf die in Abschnitt 3.2.2.3. diskutierten experimentellen Befunde läßt sich die Richtigkeit der ersten Annahme bestätigen, wenn der eingeschränkte Gültigkeitsbereich der LEBM strikt eingehalten wird. Hieraus folgt zwingend die Auflage, das Ausbreitungskriterium zu ändern.

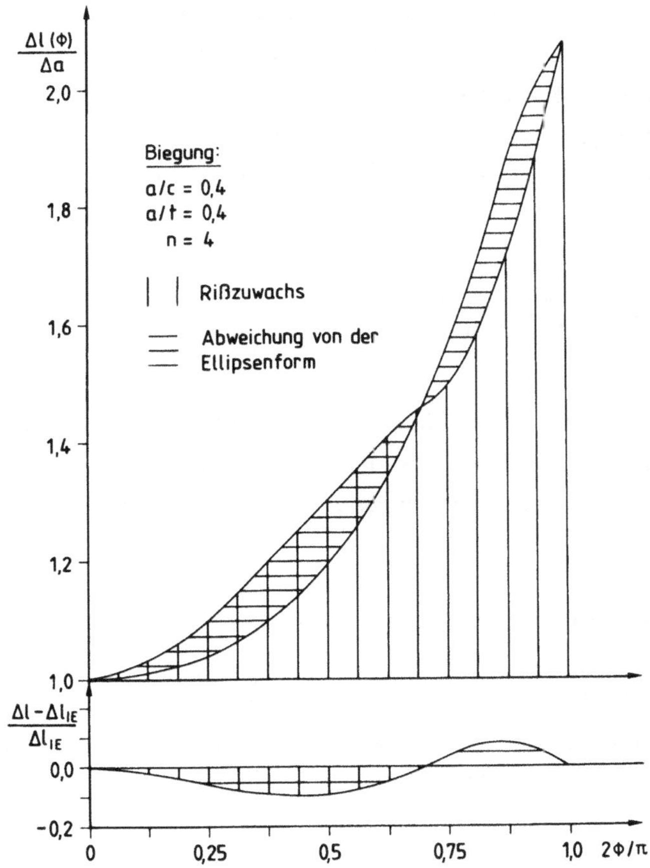

Abb. 2.4:17

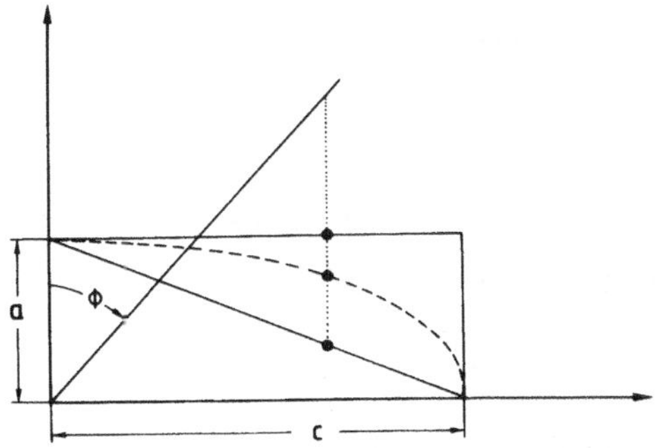

Abb. 2.4:18 : Gebiet möglicher Rißfrontverläufe bei fixierten Parametern a, a/c, a/t, Φ

Einem Vorschlag Besuners [20] zufolge, läßt sich ein Ausweg durch den Ansatz eines über Bereiche der Rißfront mittelnden Kriteriums finden. Danach wird bei inhomogenen Beanspruchungen entlang der Rißfront s der K-Faktor im interessierenden Punkt i durch eine Einflußfunktion $F_i(s)$, in deren Festlegung eine gewisse Willkür liegt, gewichtet :

$$\overline{K}_i^{\,2} = \frac{\int_s K^2(s)\, F_i(s)\, ds}{\int_s F_i(s)\, ds} \qquad (2.4.:22)$$

Der mit diesem Ansatz bewirkte Ausgleich wird natürlichen Rißwachstumsbedingungen besser gerecht, weil an der Rißfront grundsätzlich die Tendenz zum Abbau örtlicher Beanspruchungsspitzen zu beobachten ist.

2.4.3. Literatur : Abschnitt 2.4.

[1] ASTM E 399-78. Standard Method of Tests for Plane-Strain-Fracture Toughness of Metallic Materials, Annual Book of ASTM Standards 1978

[2] Schwalbe, K.H., "Mechanik und Mechanismen des stabilen Rißwachstums in metallischen Werkstoffen", Fortschritt-Bericht, VDI-Zeitung Vol. 18, 1977

[3] Munz, D., "Linear-elastische und elastisch-plastische Bruchmechanik von Konstruktionswerkstoffen", DFVLR-Bericht 79-31, 1979

[4] Erdogan, F., Sih, G.C., "On the Crack Extension in Plates under Plane Loading and Transverse Shear", J. of Basic Engineering, Vol. 85 P, 1963, S. 519 - 527

[5] Kordisch, H., Riedmüller, J., Sommer, E., "The Strain-Energy-Density Criterion - Investigations for its Applicability", Proceedings Internat. Symposium, Budapest, 1980

[6] Sommer, E., "Zur Relevanz von Verfahren der Zähbruchmechanik bei der Bewertung von FKS-Großprobenexperimenten", 7. MPA-Seminar, Stuttgart, 1981, und in Nuclear Engineering Design 72, 1982, S. 35 - 41

[7] Kordisch, H., Sommer, E., "Realistic Defects as Sources for Initiation of Fracture-Mechanical Behavior - Available Fracture Criteria", Defects and Fracture, G.C. Sih and H. Zorski, Eds., Martinus Nijhoff Publishers, The Hague/Boston/London, 1982, S. 209 - 216

[8] Tada, H., Paris, P., Diskussionsbemerkung, in J.B. Chang, Ed., ASTM STP 687, 1979, S. 43 - 46

[9] Kerkhof, F., Richter, H., "Die kritische spezifische Bruchenergie und ihre Messung an verschiedenen Gläsern mit Hilfe der Ultraschallfraktografie", Glastechnische Berichte, Vol. 4, 1969, S. 129 - 136

[10] Rice, J.R., "Mathematical Analysis in the Mechanics of Fracture", Fracture, Vol. II, H. Liebowitz, Ed., 1968,

[11] Schmitt, W., "Anwendung der Methode der finiten Elemente unter besonderer Berücksichtigung dreidimensionaler und elastisch-plastischer Probleme", Dissertation, Darmstadt, IWM-Bericht W 2/82, 1982

[12] Hollstein, T., "Experimentelle Untersuchungen zum Verhalten von Rissen bei elasto-plastischen Werkstoffverformungen", Dissertation, Darmstadt, IWM-Bericht W 1/82, 1982

[13] Paris, P.C., Johnson, R.E., "Mechanics to Nuclear Vessel Analysis", IWM-Seminar, 1981, NUREG-Report CR-3464

[14] Voss, B., Blauel, J.G., "Experimental Determination of Crack Growth Resistance Curves", Proceedings ECF 4, to be published 1982

[15] Prümmer, R., Pfeiffer-Vollmar, H., Sommer, E., "Eigenspannungsausbildung in thermochemisch behandelten Eisenwerkstoffen und die Auswirkung auf das Bruchverhalten", DVM-AK-Bruchvorgänge, Hannover, 1981, S. 134 - 141

[16] Paris, P.C., "The Growth of Cracks due to Variation in Load", Ph.D. Thesis, Lehigh University, 1962

[17] Newman, J.C.Jr., Raju, I.S., "An Empirical Stress-Intensity Faktor Equation for the Surface Crack", Engineering Fracture Mechanics, Vol. 15, 1981, S. 185 - 192

[18] Schmitt, W., "Zweidimensionales Rißwachstumsprogramm", KWU-Arbeitsbericht R 213/327/78, 1978

[19] Görner, F., Mattheck, C., Munz, D., "Berechnung der Geometrieänderung von Oberflächenrissen bei Zug- und Biegewechselbelastung", PSB-Bericht 1524, KF Karlsruhe 1981

[20] Besuner, P.M., "Residual Life Estimates for Structures with Partial Thickness Cracks", Mechanics of Crack Growth, ASTM STP 590, 1976, S. 403 - 419

3 Experimentelle Überprüfung

In Verfolg des Ziels der Arbeit, durch Vergleich von Ergebnissen aus Rechnung und Experiment die Aussagezuverlässigkeit des heute zur Verfügung stehenden bruchmechanischen Instrumentariums an Einzelbeispielen aufzuzeigen, steht in diesem Abschnitt die Interpretation von Versuchsergebnissen im Vordergrund. Hierbei werden hauptsächlich eigene Untersuchungen benutzt. Die in Abschnitt 2 bereitgestellten Einflußgrößen werden direkt oder indirekt vor dem oder beim Einsatz bzw. bei der Ausbreitung von Rissen unter verschiedenen Geometrie- und Lastbedingungen für diesen Zweck gemessen. Neben der Frage der Meßbarkeit dieser Parameter ist die nach der Vergleichbarkeit der im Versuch realisierten mit den der Rechnung zugrunde liegenden, meistens vereinfachenden Ausgangs- und Randbedingungen von besonderer Wichtigkeit. Hierzu zählen Annahmen über die Eigenschaften des verwendeten Werkstoffs ebenso wie die über die Geometrie und die Mechanik des Gesamtsystems. Nicht zuletzt spielen in diesem Problemkreis die Rückwirkung der Untersuchungsapparaturen - wie die Maschinensteifigkeit und die Art der Einspannvorrichtung - auf das Meßergebnis eine wesentliche Rolle.

3.1. Analogieschlüsse aus dem Verhalten von Rissen im ebenen Fall

In Bauteilen unter realen Gegebenheiten sind inhomogene Verteilungen von Beanspruchungen und Werkstoffeigenschaften die Regel. Das Verhalten von versagensauslösenden Fehlerstellen oder Rissen unter derartigen Bedingungen wirft Probleme auf, die die Übertragung der für einfache Probenkonfigurationen gültigen Aussagen über Sicherheit bzw. Versagen auf das Gesamtbauteil erschweren. Wenn eine Gefährdungsabschätzung mit Hilfe bruchmechanischer Methoden auf der Grundlage maximaler, lokal auftretender Spannungen vorgenommen wird, wird ein u.U. ausgleichender Einfluß bei einer Spannungsvariation im Rißbereich nicht berücksichtigt, d.h. die Beurteilung fällt übertrieben konservativ aus.

Zur Vorbereitung der in Abschnitt 3.2. behandelten Problemstellung des Bruchverhaltens von Oberflächenrissen, das in der Regel durch eine ortsvariable Verteilung der Energieanlieferung und des Energieverbrauchs entlang der Rißkontur gekennzeichnet ist, werden im Abschnitt 3.1. zwei Beispiele erörtert, bei denen bereits im ebenen Fall eine inhomogene Beanspruchung gegeben ist. Die Beispiele gehören in den Bereich der Modelluntersuchungen, bei denen als charakteristische Eigenschaft die Variation der Beanspruchung in Dickenrichtung von angerissenen ebenen Proben unter Zugbelastung in den Vordergrund gestellt wurde. Das Ziel der Untersuchungen besteht darin, das Beanspruchungs- sowie das Brucheinsatzverhalten von geradfrontigen Rissen unter komplexen Beanspruchungen, aber sonst einfachen Bedingungen zu klären.

3.1.1. Rißuferverschiebungen in überlagerten Eigenspannungsfeldern

In handelsüblichen Kunststoffplatten treten infolge des Fertigungsprozesses mehr oder weniger stark ausgeprägte Makroeigenspannungen auf. Die Spannungen sind parallel zur Oberfläche orientiert und weisen über die Dicke meistens eine regelmäßige und symmetrische Druck-Zug-Druck Verteilung auf. Werden aus einem derartigen Material etwa Kompaktproben gefertigt, so erfahren die in solchen Proben eingebrachten Risse durch das Eigenspannungsfeld eine inhomogene Zusatzbeanspruchung entlang der Rißfront. Diese Art der Beanspruchung ist - wie in Abschnitt 2.3. diskutiert - als idealisierter Grenzfall zu unterscheiden von einem zweiten, bei dem die Eigenspannungen in der Scheibenebene variieren, aber über die Dicke konstant sind. Dieses Problem wurde von Finnie [1] behandelt.

Um die Auswirkung derartiger inhomogener Beanspruchungen erfassen zu können, wurden transparente Kompaktproben (120 x 100 x 20 mm^3) aus Araldit B untersucht. Diese Modellversuche zeichnen sich im Hinblick auf meßtechnische Präzision durch zwei entscheidende Vorteile aus :

- der Spannungsfaktorverlauf kann aus der Vermessung der Rißuferverschiebung in Abhängigkeit zusätzlicher äußerer Belastungen P_{ext} mit Hilfe eines einfachen Interferenzverfahrens bestimmt werden [2, 3, 4]
- die Eigenspannungsverteilung mit Hilfe spannungsoptischer Methoden.

Das Prinzip der interferenzoptischen Methode ist aus Abbildung 3.1:1 zu ersehen. Der mit einer monochromatischen Lichtquelle erzeugte Strahlengang bewirkt durch Reflexion an den Rißufern der Probe ein Interferenzstreifensystem, das über einen Strahlenteiler mit einer Kamera abgebildet werden kann. Bei senkrechtem Einfall von parallelem, monochromatischem Licht auf die Rißflächen tritt im Fall der Reflexion dann Auslöschung durch Interferenz ein, wenn die Bedingung

$$2\,v = m \cdot (\lambda/2) \qquad (m = 1, 2, 3, \ldots.) \tag{3.1.:1}$$

erfüllt ist. Dabei ist 2 v die Verschiebung der Rißufer und λ = 546 nm die Wellenlänge des verwendeten monochromatischen Lichts.

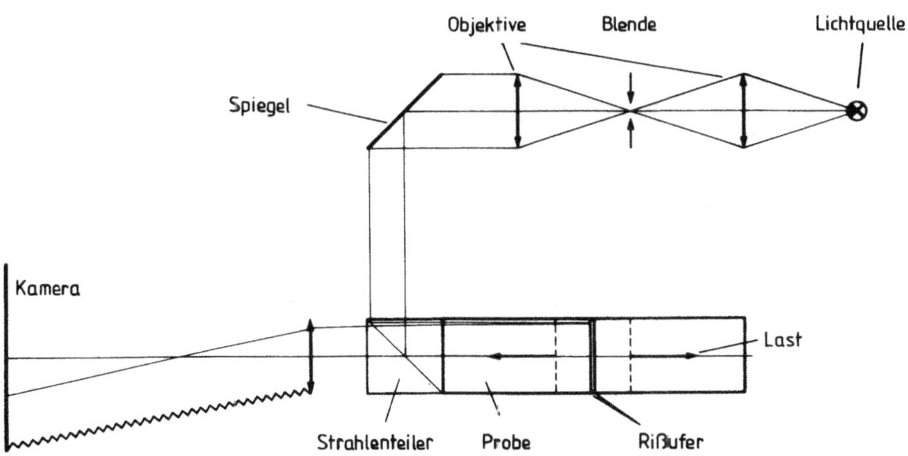

Abb. 3.1:1 : Prinzipskizze der interferenzoptischen Anordnung

Interferenzaufnahmen der Bruchufer, wie sie Abb. 3.1:2 für zwei verschiedene Laststufen zeigt, erlauben bei Kenntnis der jeweiligen Streifenordnung m eine punktweise Auswertung des Verschiebungsfeldes. Der Zusammenhang zwischen der Rißöffnung und dem Spannungsfaktor ist bei dem hier voraussetzbaren linear-elastischen Materialverhalten und bei - im Vergleich zur Rißlänge - nicht zu großen Auswerteabständen nach Maßgabe der in Abschnitt 2.1. diskutierten Gleichung 15

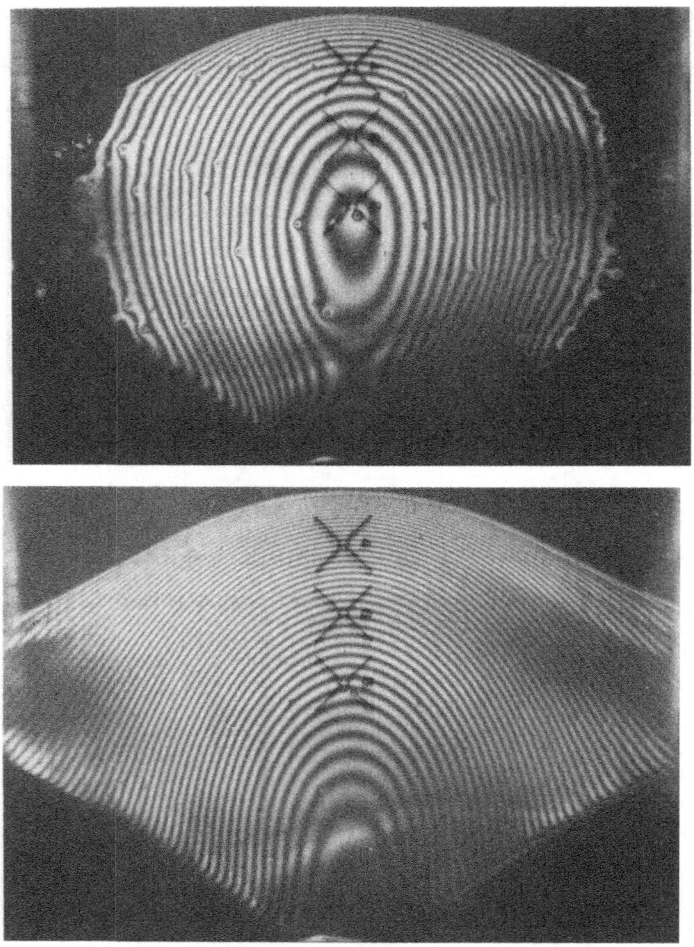

Abb. 3.1:2 : Interferenzaufnahmen eines Risses in einer Kompaktprobe aus Araldit B unter der Einwirkung von Eigenspannungen und äußerer Belastung. Laststufen: a) P_{ext} = O [N], b) P_{extern} = 145,5 [N]

gegeben. Als elastische Konstanten des Materials sind einzusetzen : $E = 3240\ N/mm^2$, $\nu = 0,3$.

Es wird angenommen und durch die nachfolgenden Ergebnisse belegt, daß der gesamte Spannungsfaktor K_{total} sich additiv aus einem durch äußere Last und einem eigenspannungs-bedingten Anteil zusammensetzt, d.h. $K_{total} = K_{extern} + K_{intern}$.

Die Genauigkeit des Auswerteverfahrens wird durch drei Faktoren begrenzt

- die mangelnde optische Qualität des untersuchten Materials
- die Unebenheit natürlicher Bruchflächen
- den geringen Abstand der aufzulösenden Interferenzstreifen.

Der Einfluß einer geringfügigen plastischen Verformung in unmittelbarer Rißspitzenumgebung wirkt sich dagegen nicht mehr im Auswertebereich aus.

Von der in der Probe vorhandenen Eigenspannungsverteilung sind nur die senkrecht zur Rißebene wirkenden Komponenten von Bedeutung. Um diese Eigenspannungsverteilung spannungsoptisch bestimmen zu können, wurden nach Beendingung der Rißöffnungsmessungen aus der Kompaktprobe unmittelbar vor der Rißspitze Streifen in senkrechter Orientierung zur Rißfläche herausgetrennt. Zur Eliminierung eventueller Randeinflüsse wurde deren ursprüngliche Tiefe von $D = 38,9$ mm für eine zweite spannungsoptische Vermessung auf $D = 20,1$ mm reduziert. Beide Isochromatenbilder sind in Abb. 3.1:3 zu sehen. Die Bildauswertung ergibt die in Abb. 3.1:4 über der Plattendicke t aufgetragenen Isochromatenordnung N. Hieraus kann nach der Beziehung

$$\sigma_{y\ int}(z) - \sigma_{z\ int}(z) = N \cdot S\ /\ D \quad [N/mm^2] \qquad (3.1:2)$$

direkt auf die Spannungsverteilung geschlossen werden. Abweichend von früherer Definition wurde das Koordinatensystem - entsprechend der bei ebenen Proben üblichen Konvention - so gewählt, daß der Ur-

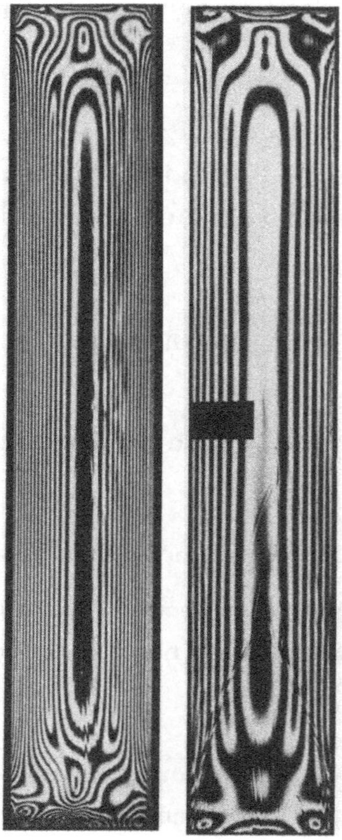

Abb. 3.1:3 : Isochromatenbilder zur Bestimmung der Eigenspannungsverteilung in der (y,z)-Ebene für die Streifentiefen D = 38,9 mm und D = 20,1

sprung in der Mitte der Rißfront, die z-Richtung parallel zur Rißfront und die y-Richtung senkrecht zur Rißebene liegt. Die spannungsoptische Konstante beträgt für das untersuchte Araldit B bei Verwendung von Na-Licht S = 10,2 [N/mm^2]. Da angenommen werden kann, daß die Spannung $\sigma_{z\ int}$ (z) = 0 ist, und da bei zusätzlicher spannungsoptischer Prüfung der Probe in z-Richtung senkrecht zur Plattenebene keine Isochromaten zu finden sind, ergibt sich damit - abgesehen von vernachlässigbaren Randeinflüssen - eine parabelartige Verteilung der Eigenspannungen $\sigma_{y\ int}$ (z) symmetrisch zur Mittelebene der Platte (z = 0).

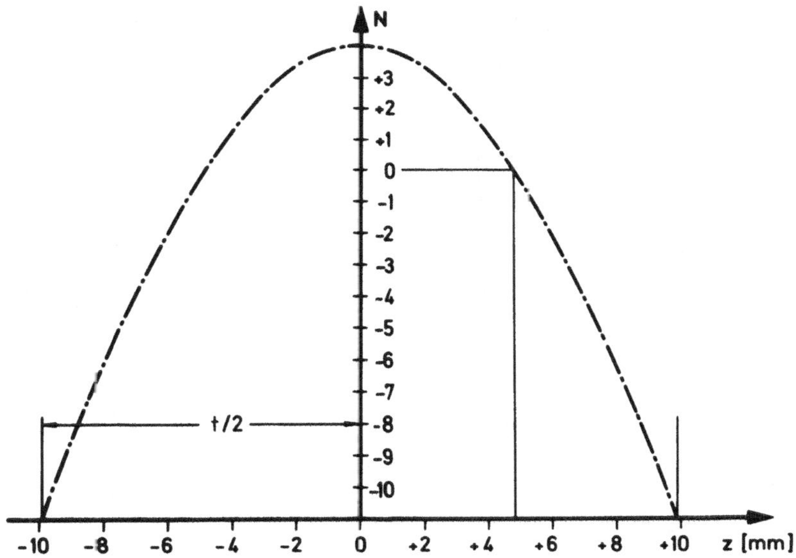

Abb. 3.1:4 : Eigenspannungsverteilung über der Plattendicke t entsprechend der Isochromatenordnung N als Funktion der Koordinate z

Nach Gleichung 2.1.:15 ist ein näherungsweise linearer Zusammenhang zwischen dem Quadrat der Rißöffnung $(2\,v)^2$ und dem Abstand r von der Rißspitze zu erwarten, wenn $r \ll a$ ist. Für größere Abstände r macht sich der Einfluß des nächst höheren, in r quadratischen Gliedes bemerkbar. Der dementsprechende experimentelle Befund, der durch Auswertung von Interferenzaufnahmen erhalten wurde, ist in Abb. 3.1:5a und b aufgetragen. Abb. 3.1:5a zeigt für z = O das Quadrat der normierten Rißöffnung $(2\,v/(\lambda/2))^2$ über dem Abstand r in Abhängigkeit verschiedener Stufen der äußeren Last P_{ext}, während Abb. 3.1:5b das Rißöffnungsverhalten für eine Laststufe in Abhängigkeit der z-Koordinate wiedergibt. Dabei ist die natürliche Rißfrontkrümmung, die sich bei der Erzeugung des scharfen Anrisses durch kurzzeitige Impulsbelastung einstellt, aus der Verschiebung der Anfangspunkte $(2\,v/(\lambda/2))^2(z)$ = O zu ersehen. Aus den experimentell gewonnenen Daten wurde mit Hilfe eines Approximationsprogramms auf der Basis der Gleichung 2.1.:15 der in diesem Zusammenhang hauptsächlich interessierende eigenspannungsbedingte Anteil der Spannungsfaktorverteilung entlang der Rißkontur

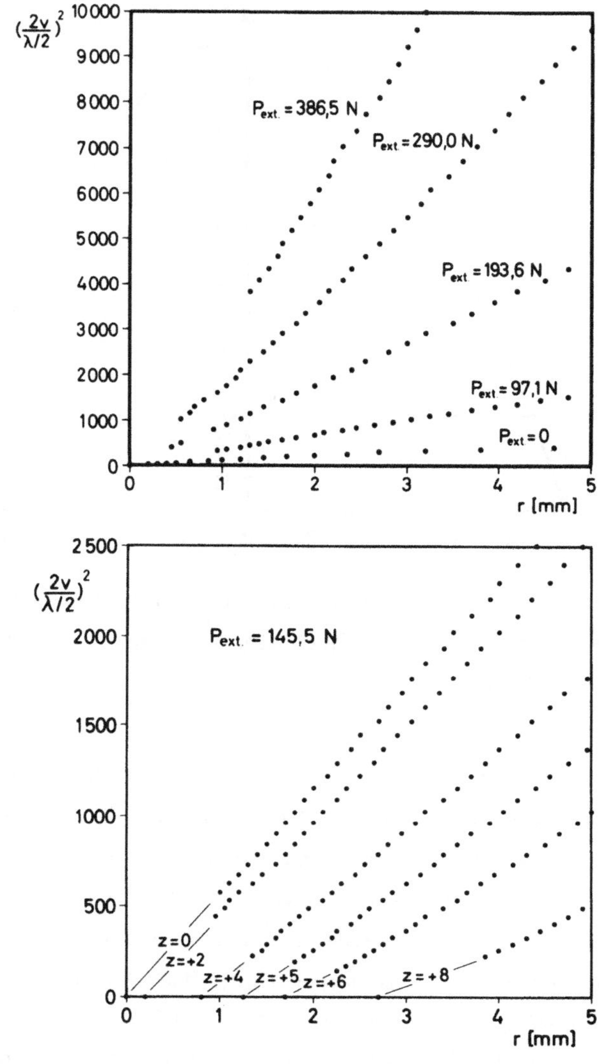

Abb. 3.1:5 : Das Quadrat der normierten Rißöffnung $(2\,v/(\lambda/2))^2$ über dem Abstand r von der Rißspitze
a) für verschiedene Laststufen P_{ext}, z = O
b) für verschiedene Werte von z, P_{ext} = 145,5 [N]

bestimmt. Daß eine Proportionalität der auf diese Weise gewonnenen Funktionswerte $K_{int}(z)/K_{int}(O)$ zur relativen Eigenspannungsverteilung $\sigma_{y\ int}(z)/\sigma_{y\ int}(O)$ im Rahmen der Fehlerabweichungen vorhanden ist, zeigt der Vergleich mit der in Abb. 3.1:6 gestrichelt wiedergegebenen Kurve.

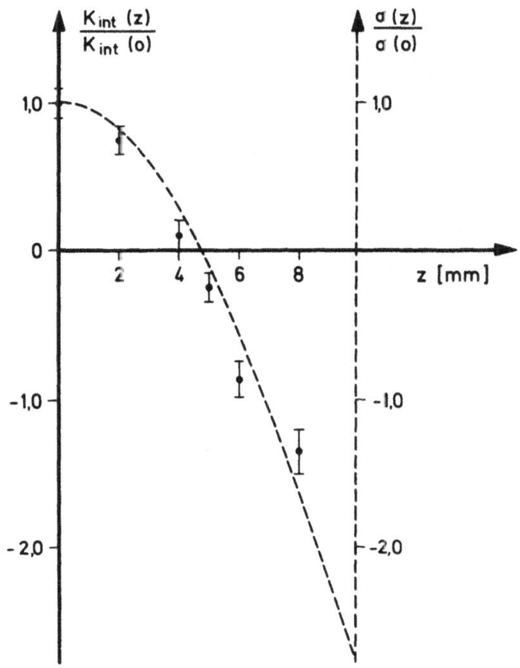

Abb. 3.1:6 : $K_{int}(z)/K_{int}(O)$ über der Dickenkoordinate z im Vergleich zur relativen Eigenspannungsverteilung $\sigma_{int}(z)/\sigma_{y\ int}(O)$ (---)

Diese Ergebnisse [5] bestätigen, daß die zusätzliche Wirkung eines Eigenspannungsfeldes auf das Rißverhalten wie die eines durch äußere Kräfte entstandenen inhomogenen Spannungsfeldes zu behandeln ist und daß sich deren Auswirkung unmittelbar aus dem Verschiebungsfeld der Rißufer ablesen läßt. Allerdings unterliegen Eigenspannungen der Zusatzforderung, daß sie aus Gleichgewichtsgründen integral verschwinden müssen. D.h. im vorliegenden Fall ist

$$\int_{-t/2}^{+t/2} \sigma_{y\ int}(z)\, dz = 0$$

Daraus resultiert wiederum, daß sich ihr Einfluß nur im unmittelbaren Rißfrontbereich nicht aufhebt. Ist diese "aktive" Rißlänge a_{akt} mit der

Gesamtrißlänge vergleichbar, so wird der Eigenspannungsbeitrag relativ am höchsten zu werten sein [6]. Aus versuchstechnischen Gründen war das Verhältnis a_{akt}/a in den untersuchten Modellproben sehr klein. Unter realen Gegebenheiten kann dieses Verhältnis im Sinne einer höheren Gefährdung durch Eigenspannungen ungünstiger sein. Über einen gefährdungsmildernden Abbau der Eigenspannungen infolge plastischer Vorgänge können diese Untersuchungen allerdings keine Auskunft geben, weil sie sich unter Zurückstellung werkstoffspezifischer Effekte nur auf deren mechanische Auswirkungen konzentrieren.

Die werkstoffspezifische Auswirkung einer inhomogenen Beanspruchungsverteilung entlang der Rißkontur wird deshalb im nächsten Unterabschnitt betrachtet.

3.1.2. Brucheinsatz bei inhomogenen Beanspruchungen entlang der Rißfront

Das Ziel der in diesem Abschnitt geschilderten Untersuchungen [7] ist, den Einfluß von Beanspruchungsgradienten entlang der Rißfront bei annähernd homogenen Werkstoffzuständen auf das Instabilitätsverhalten von Rissen zu erfassen. Hiervon zu unterscheiden ist, der technisch ebenso wichtige Einfluß von Eigenschaftsgradienten der Werkstoffe auf das Bruchverhalten. Ergänzend sei darauf hingewiesen, daß sich bereits im Mikrobereich des Bruchgeschehens ähnlich inhomogene Vorgänge abspielen.

Wie in Abschnitt 3.1 besprochen wurde, können inhomogene Beanspruchungen von Rissen längs deren Front insbesondere durch Eigenspannungsfelder hervorgerufen werden. Um einer schwer kontrollierbaren Veränderung des Eigenspannungsfeldes beim Bruchprozess zu entgehen, wurde versucht, durch mechanische Veränderungen der Kompaktprobe, dem Spannungsfaktorverlauf $K_I(z)$ eine möglichst ausgeprägte Modulation aufzuzwingen. Zu diesem Zweck wurden oberhalb und unterhalb der Rißebene in Kompaktproben zwei Entlastungsbohrungen in Rißausbreitungssrichtung eingefügt. Auf diese Weise wird der Mittelbereich der Rißfront weniger, die angrenzenden Seitenbereiche dagegen stärker beansprucht. Das Prinzip ist in Abb. 3.1:7 veranschaulicht. Da die numerische Berechnung des derartig gestörten K(z)-Verlaufs längs der Rißfront ein aufwendiges dreidimensionales Problem darstellt, wurde der Beanspruchungsverlauf experimentell über die Auswertung des Rißzuwachses im Ermüdungsversuch abgeschätzt. Danach ergeben sich für die in Abb. 3.1:7 skizzierten Abmessungen als maximale Abweichungen des Spannungsfaktors vom Mittel + 10 bzw. - 30 %. Dieser Verlauf ist in Abb. 3.1:8 wiedergegeben.

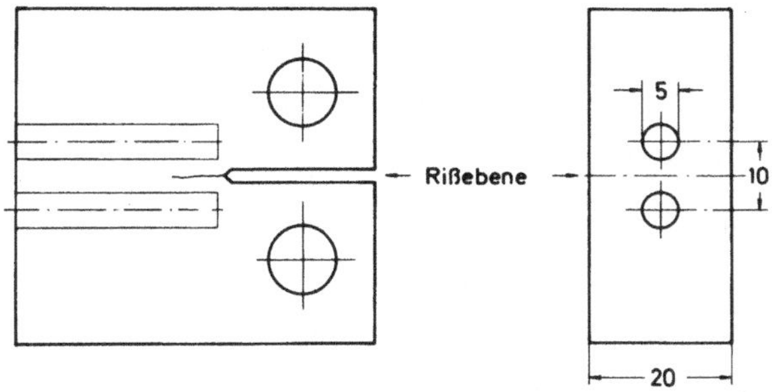

Abb. 3.1:7 : Kompaktprobe mit Entlastungsbohrungen

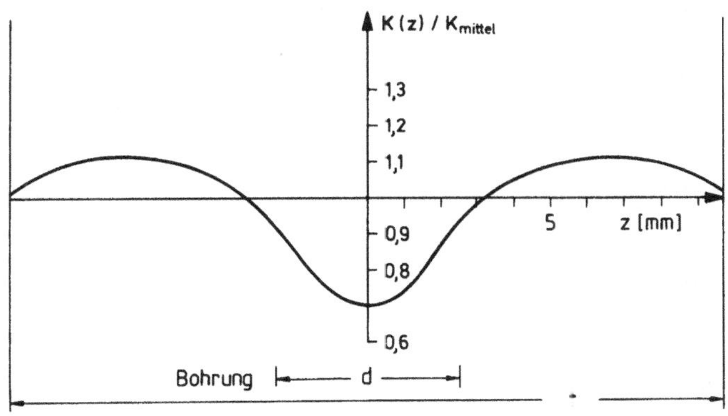

Abb. 3.1:8 : Relative Spannungsfaktorverteilung entlang der Rißfront

Sollte für die Bruchinitiierung tatsächlich der maximale an einer Stelle vorherrschende Beanspruchungswert ausschlaggebend sein, so würde dies für eine Probe mit einer derartigen Beanspruchungsmodulation eine um ca 10 % scheinbar verminderte Bruchzähigkeit zur Folge haben, weil bereits an zwei Stellen der Rißfront die lokale Belastungsgrenze überschritten würde und Rißausbreitung einsetzte.

Um diesen Sachverhalt beurteilen zu können, wurden Zerreißversuche an Kompaktproben (Breite der Kompaktprobe von der Krafteinleitung gemessen W_K = 40 mm, Dicke t = 20 mm) aus der Aluminiumlegierung 2024 T 851 mit folgenden Varianten durchgeführt :

- Kompaktprobe mit ungestörter K-Verteilung entlang der natürlichen "geraden" Rißfront
- Kompaktprobe mit ortsveränderlicher K-Verteilung entlang der "geraden" Rißfront, d.h. die Entlastungsbohrungen wurden nach der Rißerzeugung eingebracht
- Kompaktprobe mit ausgeglichener K-Verteilung entlang der "modulierten" Rißfront, d.h. der Ermüdungsriß wurde unter dem Einfluß der Entlastungsbohrungen vorangetrieben, bevor der Gewaltbruch unter zügiger Beanspruchung eingeleitet wurde.

Da diese Versuche zur Klärung beitragen sollen, inwieweit der Brucheinsatz in einer Konstruktion eher durch lokale Spitzen der Beanspruchungen als durch integral gemittelte gesteuert wird, werden für alle Probenkonfigurationen nach entsprechenden Mittelungsprozessen für die Rißlängenbestimmung die kritischen K_Q-Werte in Anlehnung an den ASTM-Normvorschlag [8] ermittelt. Die Last P_Q wurde dementsprechend aus dem Schnitt der 5 %-Sekante mit der Last-Aufweitungs-Kurve bestimmt. Die Ergebnisse sind in Abb. 3.1:9 zusammengestellt und besagen:

- Proben des ungestörten Typs liefern den Wert $K_Q = K_{Ic} = 872\ N/mm^{3/2}$
- bei Proben mit Entlastungsbohrungen liegt der K_Q-Wert um etwa 10 % tiefer als der K_{Ic}-Wert; entsprechend dem örtlich um 10 % über dem Beanspruchungsmittel liegenden Wert des Spannungsfaktors

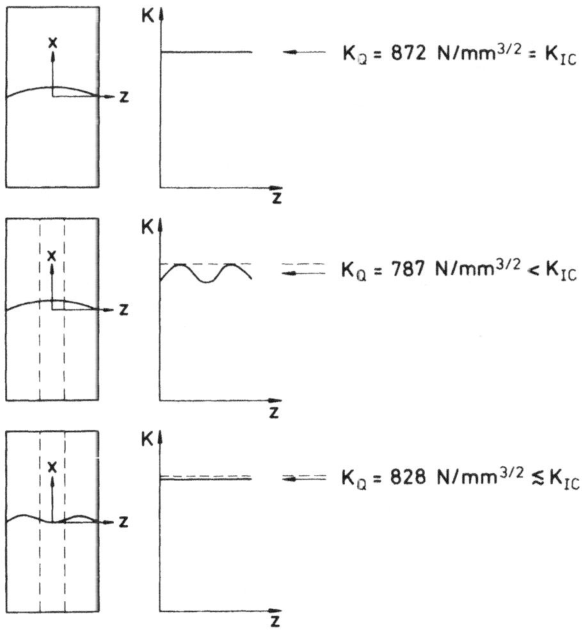

Abb. 3.1:9 : Vergleich der für die jeweiligen Riß- und Probenformen resultierenden K_Q-Werte

- Proben mit modulierter Rißfront zeigen demgegenüber nur einen geringfügig unter K_{Ic} liegenden K_Q-Wert.

Daß der Bruch tatsächlich an den Stellen höchster K-Werte zu wachsen beginnt, ist aus der in Abb. 3.1:10 wiedergegebenen Bruchfläche zu ersehen. Sie wurde auf folgende Weise hergestellt: Nach Erzeugung eines geradfrontigen Ermüdungsanrisses wurde die Probe mit Entlastungsbohrungen versehen und dann einsinnig bis zum Schnittpunkt der 5 %-Sekante mit der Last-Aufweitungs-Kurve belastet. Um den partiellen Brucheinsatz nachzuweisen, wurde der Riß nach Abbruch der einsinnigen Belastung durch anschließende Zugschwellbeanspruchung vorangetrieben. Die auf diese Weise erzeugten dunklen Bereiche der Bruchfläche kennzeichnen den Einsatz des Rißwachstums an den beiden Orten höchster Beanspruchung. Der Anschaulichkeit wegen und zur Vermeidung optischer Täuschungen wurden die Rißfronten nachgezeichnet.

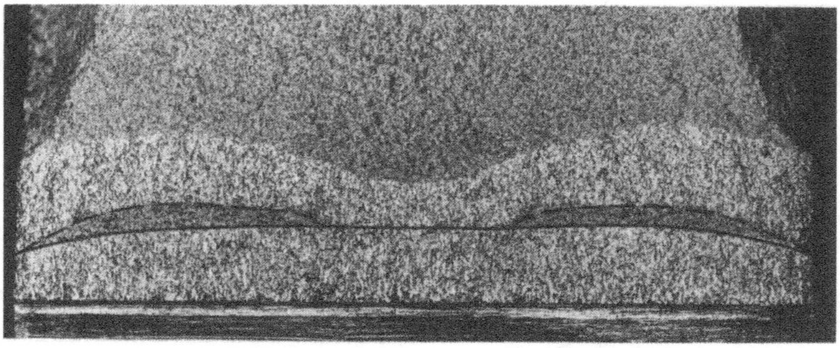

Abb. 3.1:10 : Partieller Einsatz des Rißwachstums an Stellen größer Beanspruchung

Diese Untersuchungen beweisen, daß der Bruch bei inhomogenen Beanspruchungen entlang der Rißfront an den Stellen höchster Beanspruchung einsetzt. Die dabei sich einstellende Rißfrontverlagerung bewirkt einen Abbau der Spannungsspitzen. Allerdings wird die insgesamt von der Probe ertragene Grenzlast hierdurch kaum beeinflußt.

3.1.3. Literatur : Abschnitt 3.1.

[1] Vaidyanathan, S., Finnie, I., "Determination of Residual Stresses from Stress Intensity Factor Measurements", J. Basic Engineering Trans. ASME, 1971, S. 242 - 246

[2] Sommer, E., "An Optical Method for Determining the Crack-Tip Stress Intensity Factor", Engineering Fracture Mechanics, Vol. 1, 1970, S. 705 - 718

[3] Sommer, E., "Experimental Methods for the Determination of Stress Intensity Factors under Various Loading Conditions", Proceedings Internat. Conference on Prospects of Fracture Mechanics, Delft, 1974, S. 593 - 607

[4] Sommer, E., "Experimental Determinaton of Stress Intensity Factors by COD Measurements", Mechanics of Fracture, Vol. 7,

G.C. Sih, Ed., Martinus Nijhoff Publishers, The Hague/ Boston/London, 1981, S. 331 - 347

[5] Sommer, E., Winkler, S., "Zur Auswirkung von Eigenspannungen auf das Bruchverhalten", DVM-AK-Bruchvorgänge, Freiburg, 1974

[6] Soltész, U., Richter, H., Sommer, E., "Influence of Internal Stresses on the Development of Cracks in Glasses", Proceedings ICF 5, Cannes, 1981

[7] Riedmüller, J., Sommer, E., Kunzelmann, S. "Zur Bewertung von Rissen in inhomogenen Spannungsfeldern", DVM-AK-Bruchvorgänge, Berlin, 1977

[8] ASTM E 399-78 : Standard Method of Test for Plane-Strain Fracture Toughness of Metallic Materials, Annual Book of ASTM Standards, 1978

3.2. Verhalten von Oberflächenrissen im Experiment

Die Auswertungen und Interpretationen von Meßergebnissen zum Verhalten von Oberflächenrissen, die in diesem Abschnitt zusammengestellt sind, verfolgen das Ziel, Lücken in der Übertragungskette von der Probe auf das Bauteil aufzuzeigen und zu beseitigen. Die zu diskutierenden Beispiele werden nach dem Ordnungsprinzip

- Brucheinsatz

- Bruchausbreitung

unterschieden, auch wenn hierin wegen unscharfer Übergänge eine gewisse Willkür liegt.

Unter dem Stichwort "Brucheinsatz" werden zwei Zugänge betrachtet. Beim ersten geht es darum,

- für den Sprödbruchbereich den Anschluß bruchmechanischer Modellvorstellungen an den Festigkeitsbegriff durch Interpretation des Brucheinsatzes an zufallsbedingten Oberflächenverletzungen herzustellen,

beim zweiten ist das Ziel

- die Übereinstimmung oder den Unterschied von 2D- zu 3D-Ergebnissen beim Brucheinsatz von experimentell sorgfältig hergestellten Oberflächenrissen höheren Idealisierungsgrades zu beleuchten.

Der Übergang vom Einsatz zur instabilen Ausbreitung eines Bruchs ist - je höher das lokale Verformungsvermögen eines Werkstoffs ist - durch Phasen stabiler Bruchausbreitung [1, 2] gekennzeichnet. Die durch Ermüdungsbeanspruchung erzwungene stabile Bruchausbreitung unterscheidet sich zwar prinzipiell hiervon, ist aber vorzüglich geeignet, die Konsistenz der Ergebnisse von Beanspruchungsanalysen und Ausbreitungsmerkmalen zu überprüfen.

Deshalb werden unter dem Stichwort "Bruchausbreitung" - an den Beispielen zugschwellbeanspruchter Oberflächenrisse in Scheiben und Rohren - zwei Schwerpunkte behandelt :

- das Wachstum und
- die Formentwicklung derartiger Risse.

Ausgeschlossen wird in diesem Zusammenhang die Analyse instabiler Bruchausbreitung. Wegen der hohen Komplexität stehen hierfür bestenfalls zweidimensionale Lösungsansätze zur Verfügung [3, 4].

Um die Vielfalt möglicher Parametereinflüsse auf ein Minimum zu reduzieren, werden nur einfachste dreidimensionale Konfigurationen unter einfachsten Werkstoff- oder Beanspruchungsbedingungen betrachtet. So wird der bruchmechanische Anschluß an den Festigkeitsbegriff am Modellwerkstoff Glas diskutiert; und, um die Anwendung linear elastischer Ansätze rechtfertigen zu können, werden experimentell nicht immer ganz einfach zu verwirklichende Einschränkungen erzwungen - wie eine Begrenzung der Beanspruchung, eine Beschränkung auf den Zugschwellbereich, eine Vermeidung von Lastsprüngen und starken Veränderungen der Mittellast. Bei Laständerungen wird nur der Kompromiß zwischen Rißbeeinflussung und Sichtbarmachung der Rißfronten durch Markierungslasten gesucht.

Insgesamt gilt das Hauptinteresse nicht der Feststellung,

- ob eine zufriedenstellende Übereinstimmung von Rechnung und Experiment durch geeignete Parameteranpassung erreicht werden kann,

sondern mehr der Klärung der prinzipiellen Frage,

- inwieweit Unterschiede im Bruchverhalten bei zwei- und dreidimensionalen Bedingungen auftreten und mit den zur Verfügung stehenden Methoden gedeutet werden können.

Bei dieser Vorgehensweise können selbstverständlich nur Teilbereiche des Problemkreises abgedeckt werden. Zugänge zu verwandten Fragestellungen aus anderen Zielsetzungen heraus sind aber bereits in der Literatur zu finden wie z.B. in dem von Chang [5] herausgegebenen Band über Lebensdauervorhersagen.

3.2.1. Brucheinsatz

3.2.1.1. Anschluß bruchmechanischer Modellvorstellungen an den Festigkeitsbegriff

Daß die Bruchmechanik entscheidend zum Verständnis des Festigkeitsbegriffs beiträgt, soll mit den folgenden Überlegungen aufgezeigt werden. In Verfolgung des Zieles, durch Einschränkung und Auswahl möglicher Einflußgrößen jeweils die wesentlichsten Merkmale in Bruchgeschehen hervorzuheben, werden zu diesem Zweck Untersuchungen von Varner und Oel [6] am Modellwerkstoff Glas benutzt. Denn bei Bruchvorgängen in Gläsern [7] sind eine Reihe von Voraussetzungen erfüllt, die sonst zusätzlicher Begründung bedürfen :

- die Festigkeit von Glasgegenständen hängt stark von deren Oberflächenbeschaffenheit ab
- Bruchvorgänge werden in der Regel an rißartigen Oberflächenverletzungen ausgelöst; Innenbrüche kommen äußerst selten und nur unter extremen Beanspruchungsbedingungen vor [8]
- wegen der bei Raumtemperatur bekannten Sprödbruchneigung von Gläsern lassen sich linear elastische Analysen ohne Zusatzannahmen anwenden; auch bei geringen Rißtiefen werden Bruchvorgänge wegen der Kleinheit der Prozesszone und eventueller plastischer Verformungen im Rißspitzenbereich ($< 10^{-5}$ mm) nur durch das Nahfeld des Risses gesteuert
- wichtige Parameter wie Umgebungseinfluß und Zeitabhängigkeit sind separierbar und können somit im folgenden ausgeklammert werden

Aus bruchmechanischen Ansätzen folgt zwingend, daß die Zerreißspannung oder Festigkeit eines Glasgegenstandes primär von dessen Oberflächenbeschaffenheit abhängen muß, weil eine Spannung allein nicht zur Charakterisierung einer Bruchauslösung ausreichen kann. Die Art und Anzahl rißartiger Verletzungen ist dabei von besonderer Bedeutung. Das Spektrum im Gebrauch auftretender Schädigungen läßt sich nach [6] etwa durch die zwei Arten - Stoß- und Kratzverletzungen - eingrenzen. Durch Bestimmung der Biegefestigkeit von systematisch vorgeschädigten Rundstäben von 6 mm Durchmesser versuchten Varner und Oel den Einfluß der Verletzung auf die Festigkeit quantitativ durch rasterelektronenmikroskopische Untersuchungen zu erfassen. Die Arten der Beschädigungen wurden so ausgewählt, daß sie etwa den bei natürlichem Gebrauch entstehenden entsprachen. Sie wurden durch definierte Behandlung der Glasstäbe in Trommeln, durch anschließendes Ätzen und/oder durch Abrieb mit Diamantpasten verschiedener Körnung jedoch so variiert, daß der Grad der Vorschädigung im Vergleich zum Anlieferungszustand sehr unterschiedlich ausfiel. Trotz dieses Aufwandes weisen die derartig entstandenen sieben Untersuchungsgruppen, die aus einem Kollektiv von jeweils 15 Stäben bestanden, erhebliche Streubereiche in den Meßwerten auf. Als Meßwerte und daraus abgeleitete Größen werden betrachtet :

R_b = Biegefestigkeit
a_s = Schädigungstiefe
a_R = Bruchspiegelradius
$C_s = R_b \cdot a_s^{1/2}$ = Bruchursprungskonstante
$C_R = R_b \cdot a_R^{1/2}$ = Bruchspiegelkonstante

Zur Erklärung der "Bruchkonstanten" sei ergänzt :

Bei Festigkeitsuntersuchungen an Gläsern fällt auf, daß der Bruchursprung am Probenrand mit einer ebenen, "spiegelnden", senkrecht zur Beanspruchungsrichtung gelegenen Fläche umgeben ist. Dieser Bruchspiegel wird von einer Rauhigkeitszone begrenzt, deren Zerklüfungsgrad mit zunehmendem Abstand vom Bruchursprung anwächst. Die Messung des Bruchspiegelradius hängt zwar von der subjektiven Entscheidung des Auswertenden - und vor allem dessen mikroskopischen Hilfsmitteln - über den Beginn der Rauhigkeit ab, ist aber relativ genau. Daß die Bruchspiegelkonstante ein Festigkeitsmaß ist, wurde bereits vor der Entwicklung der Bruchmechanik erkannt. Ein typisches Beispiel für künstlich erzeugte Bruchspiegel ist in Abb. 3.2:1 zu finden.

In Analogie hierzu bezieht sich die Bruchursprungskonstante nur auf die Tiefe der Anfangsverletzung. Wie die rasterelektronischen Untersuchungen in [6] zeigen, bestehen erhebliche Schwierigkeiten, diese

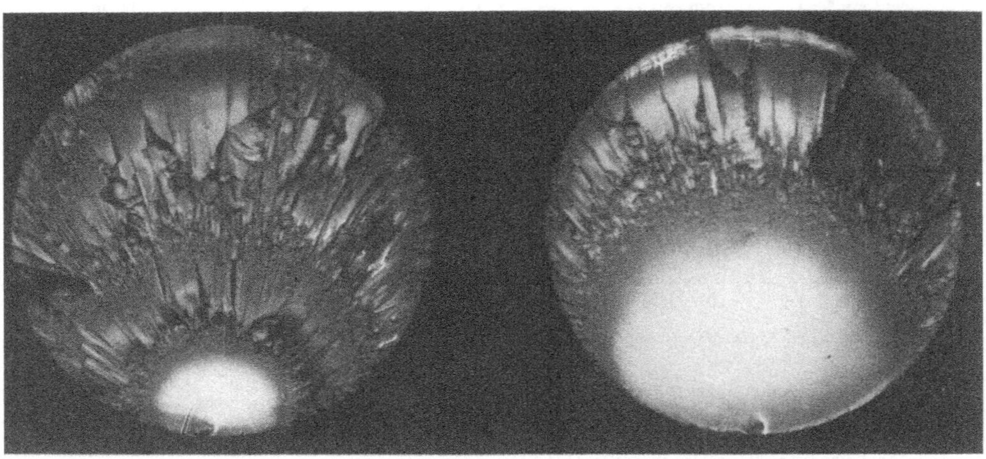

Abb. 3.2:1 : Durch Überlagerung unterschiedlicher Beträge von Zugbeanspruchung und seitlichem Druck erzeugte Bruchspiegel [15]

Größe eindeutig zu bestimmen. Als Nebenbemerkung sei hinzugefügt : es soll hier nur an einem Beispiel der Zusammenhang zwischen dem Verhalten von Oberflächenrissen und der "Bauteilfestigkeit" beleuchtet werden und nicht etwa die Fülle der zu diesem Thema vorliegenden Veröffentlichungen aufgearbeitet werden. Die ausschließliche Abstützung auf die Arbeit [6] ist durch die Qualität und Menge der dort offengelegten Ergebnisse begründet.

Um ein quantitatives Bild der Ergebnisse vermitteln zu können, sind in Tabelle 3.2:T1 die für die jeweiligen Serien resultierenden Mittelwerte der Meßgrößen und deren Streubereiche zitiert. Als Definition der Streuung wurde dabei wie üblich als Standardabweichung benutzt $\{\Sigma\hat{M} - \hat{E})^2/(m-1)\}^{1/2} \cdot 100/\hat{M}$, wobei $\hat{E}$ = Einzelwert, $\hat{M}$ = Mittelwert und m = Anzahl der Einzelwerte bedeuten. Da in diesem Zusammenhang der bruchmechanische Aspekt im Vordergrund steht, wird die Art der Vorschädigung nicht weiter charakterisiert.

Tabelle 3.2:T1 : Mittelwerte der Festigkeiten und Bruchkonstanten nach [6]; Nr. 2 ist die unbehandelte Serie; bei Nr. 7 wurde rißabstumpfend geätzt

Nr.	R_b N/mm^2	%	a_s mm	%	a_R mm	%	C_s $N/mm^{3/2}$	%	C_R $N/mm^{3/2}$	%
1	55	10	0,03	68	0,9	28	12	20	54	6
2	80	20	0,04	44	0,6	36	13	17	60	9
3	94	14	0,01	111	0,3	35	9	29	54	4
4	125	22	0,006	26	0,3	78	10	15	62	8
5	170	30	0,005	27	0,1	45	13	16	62	11
6	208	49	0,004	54	0,1	109	18	49	61	17
7	830	15	--		--		--		--	

Bei der Auswertung der oberen sechs Serien sticht hervor :

- die Unterschiedlichkeit der Mittelwerte; wenn

  $\hat{M}^i_{max} = x_i \cdot M^i_{min}$ angesetzt wird, mit $\hat{M}^i_{max}$ bzw. $\hat{M}^i_{min}$ als größtem oder kleinstem Mittelwert für den Meßwert, so ist

$x_{R_b} = 3{,}8$, $x_{a_s} = 10$, $x_{a_R} = 9$, $x_{C_s} = 2$, $x_{C_R} = 1{,}15$

- die Unterschiedlichkeit in den gemittelten Streubereichen

  $\langle R_b \rangle = 24{,}2$ %; $\langle a_S \rangle = 55$ %; $\langle a_R \rangle = 55{,}2$ %; $\langle C_s \rangle = 24{,}3$ %; $\langle C_R \rangle = 9{,}2$ %

Für die Bruchspiegelkonstante treten gegenüber der Biegefestigkeit in beiden Fällen sehr geringe Werte auf. Die Bruchursprungskonstante erfüllt die Erwartung, durch einen einfachen bruchmechanischen Ansatz eine Verbesserung der Aussagegenauigkeit zu erreichen, keineswegs. Der große Streubereich der Bruchursprungskonstante ist auf die rasterelektronenmikroskopisch nachweisbaren großen Unregelmäßigkeiten der bruchauslösenden Anfangsverletzungen zurückzuführen. Deshalb soll im folgenden mit der Begründung dieses Sachverhalts der bei der Ergebnisinterpretation bisher nicht berücksichtigte Einfluß geometrischer Effekte wie der Form und der Lage von Oberflächenverletzungen und der Art der Beanspruchung anhand einfacher Modellvorstellungen erläutert werden. Der Vergleich von Beanspruchung und Bruchkriterien für verschiedenartige, idealisierte Rißmodelle soll dazu dienen, das Spektrum der Auswirkungen möglicher Oberflächenschädigungen abzudecken. Mit der Kleinheit der Schädigungstiefe im Verhältnis zum Probendurchmesser ($a_s/t < 0{,}007$) ist zu rechtfertigen, die im Biegeversuch auftretenden Spannungsgradienten ebenso wie die Zylinderform der Proben zu vernachlässigen und einfachheitshalber nur Zugbeanspruchungen für ebene Fälle zu diskutieren. Daß im Gegensatz zu den meisten Untersuchungen an metallenen Werkstoffen unter den gegebenen Bedingungen trotz der geringen Rißtiefen bruchmechanische Kriterien problemlos anwendbar sind, ist aus dem Verhältnis von Prozesszonendurchmesser zur Rißtiefe ($r_o/a_s < 10^{-5}/0{,}04 \approx 3 \cdot 10^{-4}$) zu folgern (vgl. Abschnitt 2.1.1.).

Zunächst werden die für die verschiedenen Rißmodelle resultierenden lokalen Maximalbeanspruchungen K_{max} aufgelistet :

Durchgehender Riß :

$$K_{I\,max}^{D} = 1,1 \cdot \sigma_b(\pi a_s)^{1/2} = 1,95\,\sigma_b\,a_s^{1/2}$$

Halbelliptischer Oberflächenriß ($a_s/c < 1$):

$$K_{I\,max}^{OR} = \{M_m/E_2\,(a_s/c)\} \cdot \sigma_b(\pi\,a_s)^{1/2} = \{1,1\,/(\pi/2)\}\sigma_b(\pi\,a_s)^{1/2}$$
$$= 1,24\,\sigma_b a_s^{1/2}$$

Wechselwirkende Mehrfachrisse in Parallellage (Abschätzungen nach [9]

Durchgehende Risse :

$$K_{I\,max}^{WD} = M_w\,(a_s/h,\,m) \cdot K_{I\,max}^{D} = (1,25 \text{ bis } 2,0) \cdot \sigma_b\,a_s^{1/2}$$

Oberflächenrisse ($a/c \lesssim 1$) :

$$K_{I\,max}^{WDR} = M_w\,(a_s/h,\,m) \cdot K_{I\,max}^{OR} = (0,8 \text{ bis } 1,27) \cdot \sigma_b\,a_s^{1/2}$$

wobei

h = Abstand der Risse, m = Anzahl der Risse ist.

Risse unter zusätzlicher Eigenspannung:

Wegen der geringen Rißtiefen kann die Auswirkung der Eigenspannunge konservativ durch einen konstanten Wert, den der maximalen Randspannung, abgeschätzt werden. Bei anzunehmender additiver Überlagerung resultiert somit nur der Vorfaktor

$$(1 \pm \sigma_E^{Rand}/\sigma_b)$$

$$K_{I\,max}^{E} = (1 + \sigma_E^{Rand}/\sigma_b) \cdot K_{I\,max}^{i} \qquad (i \mathrel{\hat{=}} D \text{ bzw. } OR)$$

Abgestumpfter Riß:

Aus der Kerbtheorie [10] folgt als Randspannung für eine flache Kerbe mit dem Krümmungsradius ρ

$$\sigma_{Rand} = \sigma_b \,(1 + 2\,(a_s/\rho)^{1/2}).$$

Mit der Hypothese, daß ein Bruch einsetzt, wenn ein kleiner Riß im Kerbgrund mit der Länge Δa unter der Einwirkung der Kerbrandspannung kritisch wird, folgt :

$$K_{I\,max}^{Kerbe} = 1{,}1\ \sigma_{Rand}(\pi\cdot\Delta a)^{1/2} \approx 1{,}1\cdot\ 2(\Delta a/\rho)^{1/2}\cdot\sigma_b(\pi a_s)^{1/2}$$

$$= 3{,}9(\Delta a/\rho)^{1/2}\cdot\ \sigma_b a_s{}^{1/2}$$

mit $0{,}05 < \Delta a/\rho < 0{,}25$ folgt daraus

$$\approx (0{,}9 \text{ bis } 2{,}0)\sigma_b\cdot\ a_s{}^{1/2}$$

Schrägliegender Riß [9, 11, 12]:

In diesem Fall treten wegen der überlagerten Scherbeanspruchung - beim durchgehenden Riß - Beanspruchungen nach Bruchmodus I und II auf. Für einen in einer Scheibe unter dem Winkel β zur Beanspruchungsrichtung liegenden durchgehenden Riß ergeben sich die Spannungsfaktoren:

$$K_I = \sin^2\beta \circ \sigma_b \cdot (\pi\, a_s)^{1/2}$$

$$K_{II} = \sin\beta \circ \cos\beta \cdot \sigma_b\, (\pi\, a_s)^{1/2}$$

Die für einen Randriß notwendigen Korrekturen sind [9] zu entnehmen. Da es sich um extrem kleine Risse handelt, wird hier einfachheitshalber der Vorfaktor 1,1 benutzt.

Um in einem zweiten Schritt die bei Brucheinsatz für die verschiedenen Rißmodelle resultierende Größe des Produkts $\sigma_b \, a_s^{1/2} = R_b \cdot a_s^{1/2}$ - definitionsgemäß der "Bruchursprungskonstante" - abschätzen zu können, wird als Bruchkriterium angesetzt

$$K_{Imax} = \text{Vorfaktor} \cdot R_b \cdot a_s^{1/2} \overset{!}{=} K_{Ic}$$

Die bei überlagerter Scherbeanspruchung resultierenden Wertepaare der Spannungsfaktoren sind durch die der jeweiligen Rißkonfiguration entsprechenden kritischen Rißzähigkeiten K_I^c, K_{II}^c begrenzt. Unter Voraussetzung eines in [11, 12] ausführlich diskutierten Kriteriums, das auf der Energiefreisetzungsrate aufbaut, sind für das Beispiel eines Risses unter 45° die kritischen Werte :

$$K_I^c = K_{II}^c = 0{,}5 \, K_{Ic}$$

Damit wird für diesen Fall

$$K_I^{max} = K_{II}^{max} \quad 0{,}9 \cdot R_b \, a_s^{1/2} = 0{,}5 \, K_{Ic}$$

Mit einem $K_{Ic} = 24 \text{ N/mm}^{3/2}$ [13] ergibt sich somit, als Variationsbreite der "Bruchursprungskonstante" :

Der Vergleich des auf diese Weise abgeschätzten Wertespektrums

$$11 < C_s^{\text{Abschätzung}} < 27{,}4 \; [\text{N/mm}^{3/2}]$$

mit dem in [6] experimentell ermittelten

$$9 < C_s^{\text{Experiment}} < 18 \; [\text{N/mm}^{3/2}]$$

erklärt nicht nur die Größe des Streubereichs der Bruchursprungskonstante, sondern bestätigt sogar quantitativ deren Wert, wenn zudem berücksichtigt wird, daß der nach [3] benutzte K_{Ic}-Wert für den Abschätzungszweck zu hoch liegt, weil er nicht direkt auf den Brucheinsatz sondern aus Gründen der Meßmethodik auf den Beginn langsamer Bruchausbreitung bezogen ist.

Tabelle 3.2:T2 : Bruchursprungskonstante für verschiedene Rißkonfigurationen

Art der Verletzung	$C_s = R_b\, a_s^{1/2}$	C_s/K_{Ic}	C_s [$N/mm^{3/2}$]
Durchgehender Riß	$\frac{1}{1,1\cdot\pi^{1/2}} K_{Ic}$	0,51	12,3
Halbelliptischer Oberflächenriß	$\frac{\pi}{2,2\cdot\pi^{1/2}} K_{Ic}$	0,81	19,3
Wechselwirkende Mehrfachrisse			
- Durchgehende Risse	$\frac{1}{M_w\cdot 1,1\cdot\pi^{1/2}} K_{Ic}$	0,5-0,8	12,0 - 19,2
- Oberflächenrisse	$\frac{1}{M_w\cdot 2,2\cdot\pi^{1/2}} K_{Ic}$	0,7-1,1	16,8 - 27,4
Risse unter Eigenspannung			
- Durchgehender Riß	$\frac{K_{Ic}}{(1+\frac{\sigma_E}{\sigma_B})1,1\cdot\pi^{1/2}}$	$\frac{0,51}{(1+\frac{\sigma_E}{\sigma_B})}$	
Abgestumpfter Riß			
- Durchgehender	$\frac{K_{Ic}}{2(\Delta a/\rho)^{1/2}\cdot 1,1\cdot\pi^{1/2}}$	$\frac{0,25}{(\Delta a/\rho)^{1/2}}$	12,2 - 27,4 $0,05<\Delta a/\rho<0,25$
Schrägliegender Riß (β = 45°)	$\frac{(K_{II}^c/K_I^c)}{1,1\cdot\pi^{1/2}\sin\beta\cdot\cos\beta} K_{Ic}$	0,45	11

Der vorangegangene Exkurs sollte die Überlegenheit bruchmechanischer Ansätze gegenüber dem herkömmlichen - in der Praxis allerdings bevorzugten - Festigkeitsbegriff aufzeigen. Wenn eine exakte Definition einer "Minimalfestigkeit" mit geringer Streuung festzulegen ist, bietet sich der von Stahn [14] vorgezeichnete Weg an, von definierten relativ tiefen Vorschädigungen durch Anrisse auszugehen. Die resultierenden Festigkeitswerte weisen dann nur eine Streuung von weniger als 2,5 % auf. Unter Einbeziehung der Zeitabhängigkeit des Bruchvorgangs gelingt es auf diese Weise, die gefährlichsten Bauteilsituationen auch mit dem Begriff der Festigkeit einwandfrei abzuschätzen.

Der Wert der Bruchspiegelkonstante C_R weist gegenüber C_s eine wesentlich geringere Streuung auf. Als Begründung hierfür ist anzuführen :

- die zufallsbedingten Anfangsunregelmäßigkeiten haben sich nach einer Beschleunigungsphase des Bruchs ausgeglichen
- fast die gesamte Fläche des Bruchspiegels liegt in der Ebene senkrecht zur Beanspruchungsrichtung
- die Dynamik des Bruchablaufs und die Rißgeometrie führen unter ähnlichen Bedingungen auf nahezu konstante, aber nur schwierig exakt bestimmbare Parameterwerte.

Der Begriff "Bruchspiegelkonstante" läßt sich aus dieser Sicht im Gegensatz zu dem der "Bruchursprungskonstante" rechtfertigen, auch wenn eine Umrechnung in bruchmechanische Größen aus den genannten Gründen als nicht sinnvoll erscheint.

3.2.1.2. Charakteristische Unterscheidungsmerkmale für das Verhalten von 2D- und 3D-Rißkonfigurationen

Nachdem hinreichend genaue numerische Analysen der Beanspruchungen entlang der Kontur von Oberflächenrissen verfügbar sind, wäre es wünschenswert, ähnlich präzise experimentelle Aussagen über das Brucheinsatzverhalten damit vergleichen zu können. Leider beschränken sich die meisten Untersuchungen zu diesem Thema auf pauschale Angaben und unterlassen - nicht zuletzt der Schwierigkeit der Aufgabenstellung wegen - Detailaussagen über den Ort oder die Größe des Bereichs, in dem der Bruch sich auszubreiten beginnt. Deshalb sollte der jetzige Erkenntnisstand durch weitere experimentelle Arbeiten verbessert werden.

Anhand der Abb. 3.2:2 seien zunächst die typischen Merkmale des Brucheinsatzes und -verlaufs bei einem Oberflächenriß in einer Scheibe aus dem Stahl 22 Ni Mo Cr 3 7 beschrieben. Die zuvor mit einem Ermüdungsanriß der Abmessungen $a/c = 0,77$ und $a/t = 0,47$ versehene Scheibe wurde bei Raumtemperatur zügig in einer servohydraulischen Prüfmaschine belastet. Die Lastaufbringung erfolgte verschiebungskontrolliert, so daß die Gesamtverschiebung der Probe linear gesteigert wurde. Ausgehend von dem halbelliptischen Ermüdungsriß wächst der Bruch zunächst langsam an. Die die Phase dieses stabilen Wachstums kennzeichnende dunkle Zone weist entlang der Rißfront eine sehr unterschiedliche Breite auf. Auffallend sind die unter einem Winkel $\phi \approx 60°$ auftretenden Spitzen dieser Zone. Nach dieser Phase stabilen Rißwachstums beginnt der eigentliche Gewaltbruch durch instabiles Versagen. An welcher Stelle der Rißfront dieser Prozess einsetzt, ist nicht eindeutig aus der Bruchfläche rekonstruierbar. Da bei diesem Versuch die auf den Gesamtquerschnitt der Probe bezogene Bruchspannung etwa gleich der Streckgrenze war, ist selbstverständlich das K-Konzept nicht mehr anwendbar. Hiernach wäre für die gegebene Anfangsrißkonfiguration $a/c = 0,77$, $a/t = 0,47$ eine fast konstante Beanspruchung entlang der Rißkontur zu erwarten; das schwach ausgeprägte Maximum der Beanspruchung läge am Probenrand ($\phi = 90°$) nur 3 % über dem Minimalwert im Scheitelpunkt ($\phi = 0°$). Entsprechend den in den Abschnitten 2.1. und 2.4. diskutierten Ergebnissen erfolgt mit zunehmender plastischer Verformung der Abbau der Constraintwirkung bevorzugt in Oberflächen- wie auch in Scheitelpunktnähe. Deshalb tritt ähnlich wie bei den nachfolgend zu diskutierenden Rissen unter hoher Ermüdungsbeanspruchung das Maximum des Rißzuwachses nicht an den Enden der Halbachsen auf, sondern am Ort des geringsten Bruchwiderstandes im Bereich der Winkel $\phi \approx 50°$ bis $60°$.

Abb. 3.2:2 : Bild einer Gewaltbruchfläche in einer Scheibe aus 22 Ni Mo Cr 3 7 mit Ermüdungsanriß unter einachsiger Zugbeanspruchung [16]

Das Last-Verschiebungs*-Diagramm reagiert nicht sehr empfindlich auf die mit derartigen Einzelphänomenen verbundenen Nachgiebigkeitsänderungen, weil es über den Gesamtverlauf integriert. Trotzdem treten Unterschiede in den Diagrammen von 3D- und 2D-Rißkonfigurationen auf. Auf diesen Effekt und die daraus resultierende Schwierigkeit, die Bruchzähigkeit an Oberflächenrissen zu bestimmen, hat Collipriest [17] hingewiesen. Die Art der plastischen Verformung, der erste Brucheinsatz und somit die Änderung der Probennachgiebigkeit hängen von den jeweiligen a/c- und a/t-Verhältnissen ab, so daß die Festlegung eines Kennwerts - etwa in Anlehnung an den ASTM-Normvorschlag zur Bestimmung der Bruchzähigkeit K_{Ic} für ebene Proben - durch den Schnittpunkt der Last-Verschiebungs-Kurve mit einer um wenige Prozent schwächer ansteigenden Sekante fraglich wird.

Um die Reserve der Tragfähigkeit zwischen erstem Brucheinsatz und dem nachfolgenden instabilen Versagen genau erfassen zu können, sind aufwendigere Instabilitätsanalysen nach Art der heutigen Rißwider-

---

* Verschiebung der Rißufer gemessen im Koordinatenzentrum an der Probenoberfläche (vgl. Abb. 2.2:1)

standskonzepte unerläßlich (s. z.B. [18 bis 24]). Das Prinzip wurde im Unterabschnitt 2.4.2.1. diskutiert. Nur bei Werkstoffen mit sehr sprödem Verhalten bleibt die Last-Verschiebungs-Kurve bis zum instabilen Brucheinsatz linear. Mit dem ersten Rißzuwachs etwa am Ort maximaler Beanspruchung wird das System instabil.

Bei der Auswertung von Ergebnissen werden Effekte dieser Art meistens vernachlässigt. Einfachheitshalber werden zur Kennwertfestlegung nur die maximale Beanspruchung, die maximale Rißtiefe und der entsprechende Formfaktor für den Anfangsriß ohne Berücksichtigung einer Korrektur nach Maßgabe der eventuell durch stabiles Wachstum oder ähnliche Ausgleichsvorgänge erzwungenen Rißvergrößerung korreliert. Der hierdurch entstehende Fehler wird umso kleiner sein, je spröder das Werkstoffverhalten ist.

Die große Anzahl von über 150 Zugversuchen an 25 mm breiten und 2,5 bis 9,5 mm dicken Araldit Proben, die von F.W. Smith [25] in den Parameterbereichen $0{,}15 < a/t < 1$ und $0{,}3 < a/c < 0{,}84$ durchgeführt wurden, wurden auf diese Weise ausgewertet. Vergleichsversuche mit durchgehenden Rissen sind leider nicht verfügbar, so daß ein Vergleich von 2D- zu 3D-Ergebnissen nicht möglich ist. Smith selbst benutzte die Ergebnisse, um experimentell eine Korrekturfunktion für den Einfluß der freien Rückwand bzw. der endlichen Scheibendicke auf vorhandene K-Lösungen zu gewinnen. Während Newman [26] fünf Jahre später mit den gleichen Ergebnissen die Güte von vierzehn inzwischen in der Literatur vorliegenden K-Berechnungen mit dem Maßstab kleinster Standardabweichung über den für die jeweilige Lösung zulässigen a/t-Variationsbereich bewertete. Hierbei schnitten die im Abschnitt 2.2. diskutierten Lösungen von Raju und Newman am besten ab.

Demgegenüber berichteten Wiltshire and Knott [27, 28] über eine Versuchsserie an einem hochfesten Stahl, bei der im Biegeversuch gebrochene Platten mit Oberflächenrissen 26 % höhere K_{Ic}-Werte lieferten als die unter sonst gleichen Bedingungen getesteten Platten mit durchgehenden Rissen. Allerdings verwendeten die Autoren bei ihren Auswertungen keine Korrekturfunktionen zur Berücksichtigung endlicher Plattendicke. Wie aus Abschnitt 2.2.1. Tabelle 2.2:T2 ersichtlich, ist der Wert der Korrekturfunktion - wenn die untersuchten Riß- und Probengeometrien aus [27, 28] mit $a/t \approx 0,2$, $a/c \gtrsim 0,6$ abgeschätzt werden - etwa $M_b \approx 0,8$. Die entsprechende Meßwertkorrektur würde somit einer Reduktion um 26 % gleichkommen.

Weitere Untersuchungen zu dieser Problemstellung sind notwendig, um die noch unvollkommenen Erfahrungen ergänzen zu können.

3.2.2. Bruchausbreitung

Zur Beantwortung der Frage, inwieweit sich

- das Wachstum und
- die Formentwicklung

von Oberflächenrissen unter einfachsten Bedingungen widerspruchsfrei mit dem K-Konzept beschreiben lassen, werden folgende Untersuchungen herangezogen :

I W M [16, 29, 30] :

Ausbreitung von Oberflächenrissen unter Zugschwellbeanspruchung in

Scheiben :

Werkstoffe : Al Mg 3 ; $R_{p0,2} = 90\ N/mm^2$
22 Ni Mo Cr 37 ; $R_{p0,2} = 490\ N/mm^2$

Abmessungen : t = 20 mm
W = 210 (100) mm
H = 400 mm

Rohren :

Werkstoff : 22 Ni Mo Cr 37 ; $R_{p0,2} = 490\ N/mm^2$

Abmessungen :	t	=	25 mm	
	R_a	=	62,5 mm	t/R_i = 0,667
	R_i	=	37,5 mm	
"Paris"-Exponent	n	=	3	

Prodan [31, 32] :
Ausbreitung von Oberflächenrissen unter Zugschwellbeanspruchung in Scheiben :

Werkstoff : Feinkornbaustahl BH 43 W

Abmessung :	t	=	20 mm
	W	=	150 mm
	H	=	800 mm

Kawahara, Iida [33, 34] :
Ausbreitung von Oberflächenrissen unter Zugschwellbeanspruchung in Scheiben :

Werkstoff : 304 Stainless Steel

Abmessung :	t	=	19,75 mm
	W	=	180,3 mm

3.2.2.1. Rißwachstum in Scheiben unter Zugschwellbelastung

Für eine präzise Beschreibung des Wachstums von Rissen sind Ausbreitungsgesetze erforderlich, die in der Regel empirisch durch Anpassungsprozesse gewonnen werden. Die hiermit verbundenen Unsicherheiten gehen selbstverständlich in die absolute Bestimmung des Rißwachstums oder der daraus gefolgerten Lebensdauer eines Bauteils ein. Zur Vermeidung - möglicherweise - überdeckender Störeinflüsse ist es vorteilhaft, Relativbetrachtungen anzustellen. Deshalb ist das erste Ziel, das Verhältnis des Rißwachstums von Seiten- zu Tiefenrichtung dc/da mit den entsprechenden Spannungsfaktorverhältnissen $\Delta K(90°)/\Delta K(0°)$ zu korrelieren. Um die in Abschnitt 2.4.2. skizzierte Vorgehensweise überprüfen zu können, werden deshalb zunächst die

Ausbreitungscharakteristiken von Oberflächenrissen in Scheiben unter Zugschwellbelastung diskutiert. Um die Entwicklung von Oberflächenrissen über die Dicke von Scheiben zu veranschaulichen, sind in Abb. 3.2:3 die aus der Vermessung von Bruchflächen gewonnenen Abmessungen c_i über a_i normiert auf die Scheibendicke t aufgetragen. In Abhängigkeit von der Anfangsrißgröße resultieren nach Lage und Verlauf unterschiedliche Kurven, bei denen aber folgende gemeinsame Eigenschaften auffallen :

- für kleine Rißtiefen a/t < 0,5 dominiert das Tiefenwachstum
- für Rißtiefen im Bereich 0,6 < a/t < 1 dominiert das Breitenwachstum.

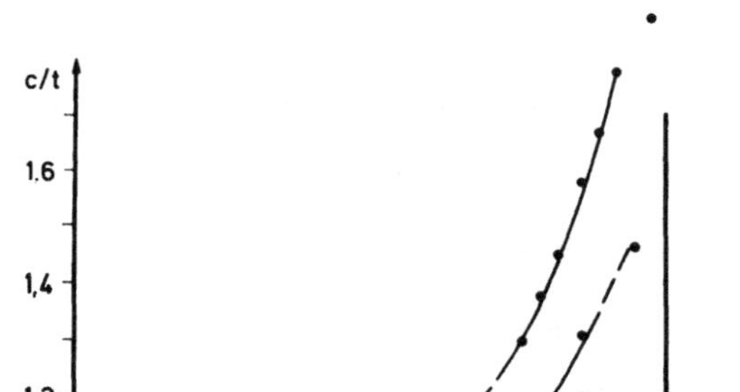

Abb. 3.2:3 : Geometrische Entwicklung von Oberflächenrissen unter Zugschwellbeanspruchung in Scheiben

Die nach Prodan [31, 32] als Mittellung aus vier Experimenten eingetragene Kurve stimmt mit dem Verlauf der IWM-Experimente im Anfangsbereich sehr gut überein und weicht nur in dem ohnehin fehleranfälligen Bereich a/t > 0,7 stärker ab. In der Tendenz ähnliche Verläufe, die hier nicht direkt verglichen werden, sind auch in den Arbeiten [35, 36] zu finden. Demgegenüber ist das Abweichen des Kawahara-Experiments [33, 34] nicht erklärbar, es wird im folgenden nicht weiter benutzt.

Bei flüchtiger Betrachtung scheint der sich bei einem "Paris"-Exponenten von n = 3 einstellende experimentelle Kurvenverlauf mit dem in den Abb. 2.4:6 und 7 für die Exponenten n = 2 und 4 abgeleiteten gleich zu sein. Wie aus Abb. 3.2:4 hervorgeht, weisen aber die experimentell bzw. rechnerisch bestimmten Kurvenverläufe so erhebliche Abweichungen auf, daß Zusatzannahmen zu ihrer Begründung notwendig werden. Dieser Relativbefund für ein Tiefenrißwachstum, das stärker als erwartet ausfällt, steht in voller Übereinstimmung mit anderen Arbeiten: In den hier nicht direkt verglichenen Untersuchungen von Munz und Mitarbeitern [35, 36] sind gleiche Tendenzen zu finden. Auch die Aussage von Johnson [37], daß "Oberflächenrisse unter Zugbeanspruchung die Tendenz haben, sich bei Halbachsenverhältnissen a/c von 0,76 bis 1,0 in Abhängigkeit von der Beanspruchung zu 'stabilisieren'", kann unter Zuhilfenahme der Abb. 2.4:6 und 7 in gleicher Weise interpretiert werden.

Zur Erklärung des deutlich stärker ausgeprägten Tiefenrißwachstums des Experiments lassen sich folgende Hypothesen aufstellen:

- die für die numerische Rechnung vorausgesetzten Bedingungen der Krafteinleitung in die Proben werden durch die Einspannungsvorrichtung im Versuch nicht realisiert

- es tritt eine Variation des lokalen Rißwiderstands entlang der Rißkontur auf - infolge

  - einer Werkstoffanisotropie oder
  - einer Änderung im Beanspruchungszustand.

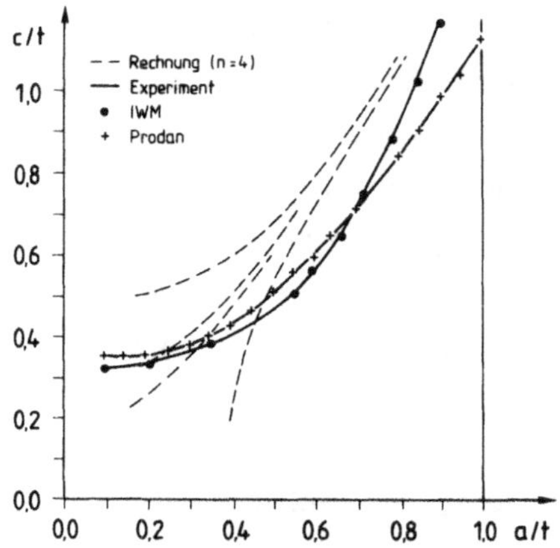

Abb. 3.2:4 : Vergleich der experimentell und rechnerisch bestimmten geometrischen Rißentwicklung

In Verfolg des ersten Arguments ist festzustellen, daß für die Rechnung eine konstante Spannung über die Probenenden gefordert wird, während die Proben im Versuch durch Halterungsvorrichtungen fest eingespannt sind, und somit eher eine konstante Verschiebung vorgegeben wird. Dadurch wird je nach Probenlänge und lateraler Steifigkeit der Prüfmaschine die sonst durch das Aufklaffen des Risses bedingte Durchbiegung der Scheibe z.T. verhindert. Das bedeutet, daß die im Experiment sich entlang der Rißkontur einstellenden Spannungsfaktoren insgesamt kleiner sind als die berechneten. Diese Aussage entspricht in der Tendenz den für Axialrisse in Rohren (Abschnitt 2.2.2.1.) diskutierten Ergebnissen: je größer die Systemsteifigkeit, desto niedriger die zugehörigen Spannungsfaktoren. D.h. die Abweichung zwischen Experiment und Rechnung wächst mit zunehmender Rißtiefe a/t und abnehmendem a/c-Verhältnis. Allerdings folgt aus der Analogie zum Rohr auch, daß das Verhältnis der Spannungsfaktoren K(90°)/K(0°) von diesen Änderungen kaum beeinflußt wird. Ein relativ stärkeres Tiefenrißwachstum ist somit aus diesem Effekt nicht unbedingt zu erwarten, aber nicht ohne genaue numerische Simulation der experimentellen Gegebenheiten, die z.Zt. nicht verfügbar ist, einwandfrei auszuschließen.

Das Argument - Variation des örtlichen Rißwiderstandes - ist unter den Gesichtspunkten zu prüfen, ob hierfür werkstoffspezifische oder mechanische Einflüsse als Ursache in Frage kommen.

Selbstverständlich kann in Scheiben bedingt durch Herstellungsprozesse eine Anisotropie auftreten, die sich auf die Rißausbreitung auswirkt und z.B. zu Unterschieden in den Werkstoffkonstanten (C_i, n) im Rißausbreitungs-'Gesetz' (Gl. 2.4.:15) führt. Newman - Raju (2.2. [15]) führen deshalb bei der Integration der Gl. 2.4.:15 den Ansatz $C_c(90°)/C_a(0°) = (0,9)^n$ ein und erreichen zumindest eine formale Anpassung von Experiment und Numerik.

Da jedoch nicht anzunehmen ist, daß alle untersuchten Scheiben den gleichen Grad an Anisotropie aufweisen, und zumindest bei einigen IWM-Experimenten an Stahlproben aus 22 Ni Mo Cr 37 [16] das gleiche Rißverhalten bei nachgewiesener Isotropie auftrat, ist die physikalische Begründbarkeit dieses Arguments anzuzweifeln.

So bleibt als weitere Möglichkeit, die Auswirkung mechanischer Einflußgrößen zu untersuchen. Geht man von der Vorstellung aus, daß die Ausbreitung eines Risses durch das Wechselspiel von Energieanlieferung und -verbrauch in einer kleinen Zone - etwa der Prozesszone - vor der Rißfront bestimmt wird, so ist anzunehmen, daß der Energieverbrauch wesentlich vom Verformungsvermögen des Werkstoffs in dieser Zone und damit vom dort herrschenden Beanspruchungszustand abhängt. Schon aus Zerreißversuchen an angerissenen Proben verschiedener Dicke kann bekanntlich gefolgert werden, daß der Bruchwiderstand für eine Beanspruchung im Fall des Zustands ebener Spannung wesentlich höher ist als im Zustand ebener Verformung. Auch wenn eine pauschale Übertragung dieses Befunds auf die lokale Beanspruchungssituation im dreidimensionalen Fall wegen eventueller Unterschiede im Bruchmechanismus nur begrenzt möglich ist, bleibt das Argument im qualitativen Sinn richtig. Deshalb wird beim Einmünden der Rißfront in die freie Oberfläche in oberflächennahen Bereichen infolge des dort zu findenden zweiachsigen Beanspruchungszustands der Rißausbreitung ein höherer Widerstand entgegengebracht als etwa im Scheitelpunkt, in dessen Nähe eine mehrachsige Beanspruchung herrscht. Das experimentell gefundene ausgeprägtere Tiefenrißwachstum von Oberflächenrissen läßt sich zumindest qualitativ mit dieser Begründung widerspruchsfrei erklären. Überlegungen dieser Art werden meistens wegen der Komplexität des Problems zurückgestellt [38, 39], obwohl es Hinweise für den starken Einfluß mehrachsiger Beanspruchung gibt [40]. Ein genauer Nachweis ist nur durch sorgfältige numerische Berechnungen zu erbringen.

Im Prinzip müßte sich dieser Effekt auch im ebenen Fall für den Riß mit nahezu gerader Front bemerkbar machen. Die im Experiment sich einstellende "natürliche" Krümmung der Rißfronten könnte eine Bestätigung dafür sein, daß auch hier der Bruchwiderstand an den Oberflächen relativ zur Probenmitte größer ist. Aus Mangel an genaueren Untersuchungen oder Rechnungen müssen diese Überlegungen jedoch spekulativ bleiben. Unterstützend sei noch einmal auf die in Abschnitt 2.1. diskutierte Empfindlichkeit der Verteilung des lokalen Mehrachsigkeitsquotienten von der jeweiligen integralen Belastung verwiesen.

Zusammenfassend kann festgehalten werden : die geometrische Entwicklung von Oberflächenrissen in Scheiben unter Zugschwellbeanspruchung kann mit dem K-Konzept beschrieben werden, wenn Zusatzannahmen über die Variation des Bruchwiderstands entlang der Kontur zu Hilfe genommen werden. Bei Verallgemeinerungen derartiger Ergebnisse - etwa um Leck-vor-Bruch-Bedingungen beim Behälterversagen festzulegen - darf nicht vergessen werden, daß die resultierenden Rißverläufe und -formen sehr anfällig gegen Störeinflüsse der verschiedensten Art - wie Überlagerungen leichter Biege- und Torsionsbeanspruchungen, Korrosion u.a. - sind.

Diese Aussage steht nur scheinbar im Widerspruch zu der in [5] von mehreren Autoren, insbesondere aber von Vroman [41] getroffenen Feststellung, daß "das Ermüdungsverhalten von Oberflächenrissen bei Beanspruchungen mit konstanter Lastamplitude mit genügender Genauigkeit aus - an Kompaktproben bestimmten - Rißwachstumsraten vorausgesagt werden kann", weil die dort angestrebten Lebensdaueraussagen die geschilderten Einflüsse eher verschmieren als separieren. Den möglichen

Einfluß durch variierende Spannungszustände entlang der Rißfront erwähnt Engle [39] im Rahmen der gleichen Zielsetzung zwar direkt, berücksichtigt ihn aber nicht bei der Interpretation seiner Meßergebnisse. Auch Prodan und Radon [46] kommen zu dem Schluß, daß zwar eine gute Korrelation des zyklischen Spannungsfaktors zum Rißzuwachs zwischen Kompaktproben und Proben mit Oberflächenrissen herzustellen ist, daß aber die Anzahl der zuzuordnenden Lastwechsel voneinander abweichen.

Da die Anfälligkeit der bisher betrachteten ebenen Proben gegen mechanische Störungen wie beispielsweise Unebenheiten der Scheiben und der Art der Einspannungsvorrichtung in der Prüfmaschine groß ist, wurde eine Steigerung der Aussagegenauigkeit durch Verwendung eines anderen mechanischen Systems versucht. Der nächste Abschnitt beschäftigt sich deshalb mit dem Rißwachstum in Rohren unter Innendruckbelastung.

3.2.2.2. Rißwachstum in Rohren unter Innendruckschwellbelastung

Bei gleicher Ausgangsrißgeometrie und gleicher Wandstärke von Rohr und Scheibe ist die unterschiedliche Rißentwicklung auf den Spannungsgradienten in der Rohrwand und auf die höhere Biegesteifigkeit des Rohrs zurückzuführen. Abb. 3.2:5 zeigte einen typischen Vergleich. Die spezifischen Unterschiede der Einflußbedingungen zwischen Rohr und Scheibe nehmen (s. 2.2.2.1.) mit wachsendem Verhältnis von Wandstärke zu Rohrinnenradius t/R_i zu.

Daß eine Dominanz der aus der Geometrie resultierenden Einflüsse vorliegt, beweist die Zusammenstellung der Rißentwicklungen in Abb. 3.2:6. Obwohl die Beanspruchungen sehr unterschiedlich waren, bleiben die Abweichungen - ausgenommen Probe RA6 - innerhalb der Meßwertstreuung. Nur in der Probe RA6 führte eine Laststeigerung um 100 % an der Stelle $a/t = 0,7$ zu einer deutlichen Verzögerung des Tiefenrißwachstums, d.h. zu einem Abwinkeln der Kurve nach oben.

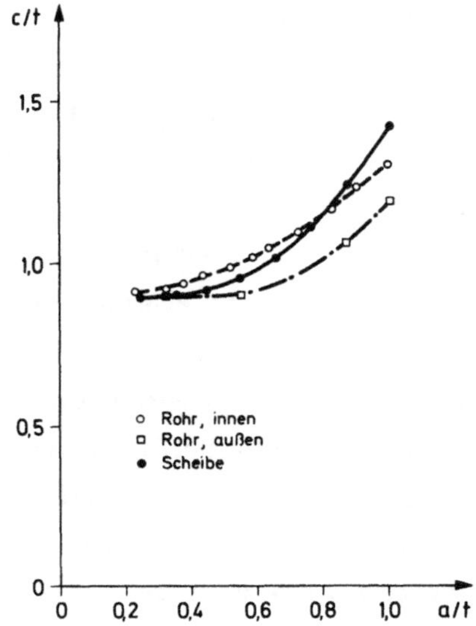

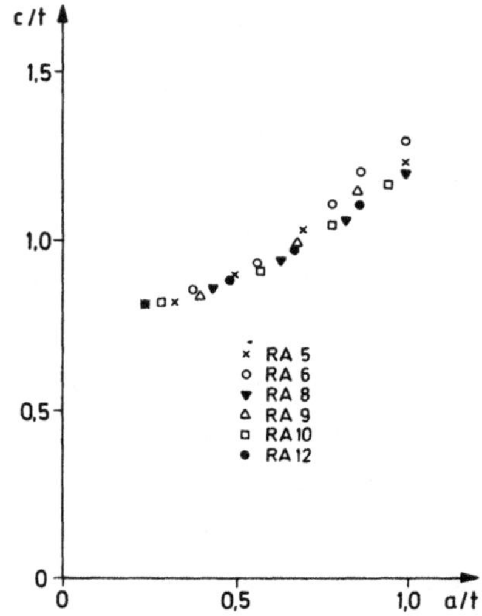

Abb. 3.2:5 : Vergleich der Rißentwicklung :
Axialriß im Rohr : innen und außen
Oberflächenriß in einer Scheibe : Werkstoff 22 Ni Mo Cr 3 7
$t/R_i = 0{,}667$

Abb. 3.2:6 : Vergleich der Rißentwicklung in verschiedenen Proben bei gleicher Ausgangsgeometrie

In der ungestörten Wandung des unter Innendruck stehenden Rohrs tritt bei nicht zu großer Wandstärke eine zweiachsige Beanspruchung auf. Beim Axialriß wirkt die Umfangsspannung senkrecht, die kleinere Axialspannung parallel zur Sollbruchfläche. Bei den bisher erwähnten Rohrexperimenten betrug dieses Verhältnis $\Delta\sigma_{=}/\Delta\sigma \approx$ o,25. In zwei Proben wurde das Spannungsverhältnis durch zusätzlich überlagerten Zug bzw. Druck auf 1,00 bzw. - 0,40 geändert. Wie aus Abb. 3.2:7 hervorgeht, wird hierdurch keine nennenswerte Änderung der Rißentwicklung erreicht. Dieses Ergebnis scheint im Widerspruch zu den aus Abschnitt 2.1. abgeleiteten Folgerungen über die Auswirkung der lokalen Mehrachsigkeit zu stehen, ist aber nur durch bis jetzt fehlende Rechnungen sauber diskutierbar.

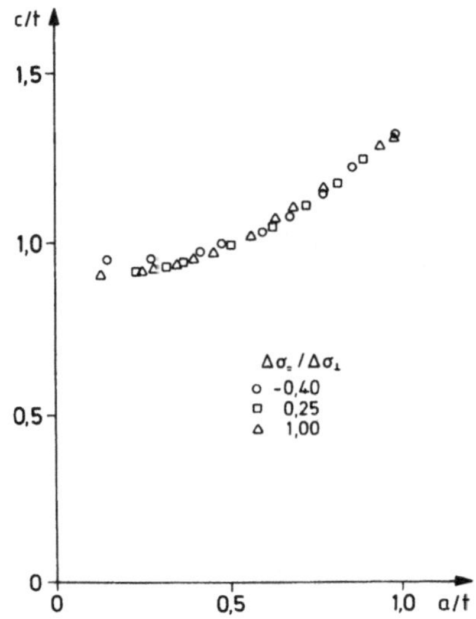

Abb. 3.2:7 : Einfluß überlagerter Axialspannungen (Zug und Druck) auf die Entwicklung von Axialrissen in Rohren. $\Delta\sigma_{=}/\Delta\sigma \;\hat{=}$ Verhältnis der gleichphasigen Axial- zu Umfangsspannung an der Innenwand des Rohrs.

3.2.2.3. Rißformentwicklungen

Die Diskussion in Abschnitt 2.4.2. hat gezeigt, daß die Ausbreitung eines zunächst halbelliptischen Risses unter Zugrundelegung eines lokalen auf dem K-Konzept basierenden Ausbreitungskriteriums ohne Hilfe von Zusatzannahmen zu deutlichen Abweichungen von der Ellipsenform führt (s. Abb. 2.4:14 bis 17). Um diesen Überlegungen experimentelle Befunde gegenüberstellen zu können, wurden die in Abb. 3.2:8 zusammengestellten Auflichtaufnahmen von Bruchflächen verschiedener Axialrisse in Rohren ausgewertet. Zunächst zeigt die Abb. 3.2:9 die nachgezeichneten Rißformentwicklungen. Zur Überprüfung der Elliptizität einer Reihe von Rißfronten wurden mit den jeweiligen Halbachsen (c_i, a_i) die zugehörigen Halbellipsen berechnet und als Punkte entlang der Rißfront eingetragen. Die geringsten Abweichungen treten bei der Probe RA8 auf. Im Rahmen der Meßgenauigkeit kann deshalb bei diesem Versuch gefolgert werden, daß die Halbellipsenform (1) beim Übergang

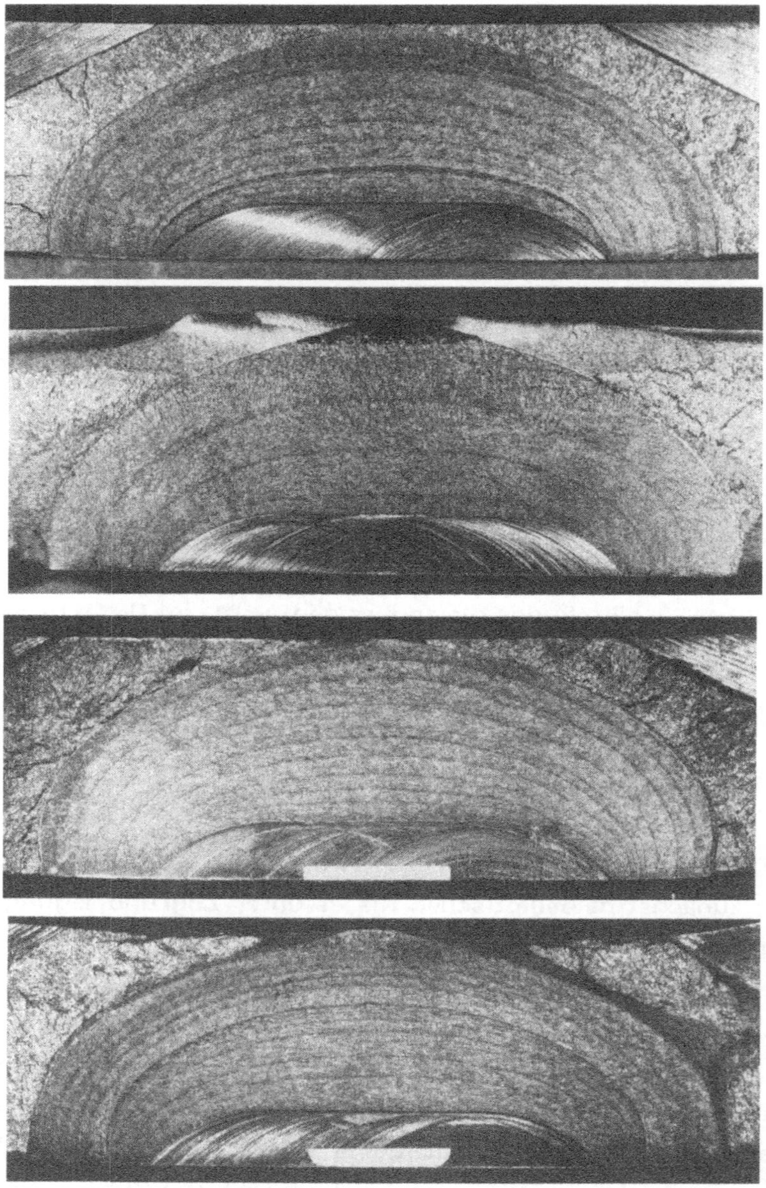

Abb. 3.2:8 : Auflichtaufnahmen von Bruchoberflächen, die durch Innendruck schwellbelastung in Rohren aus dem Stahl 22 Ni Mo Cr 37 erzeugt wurden

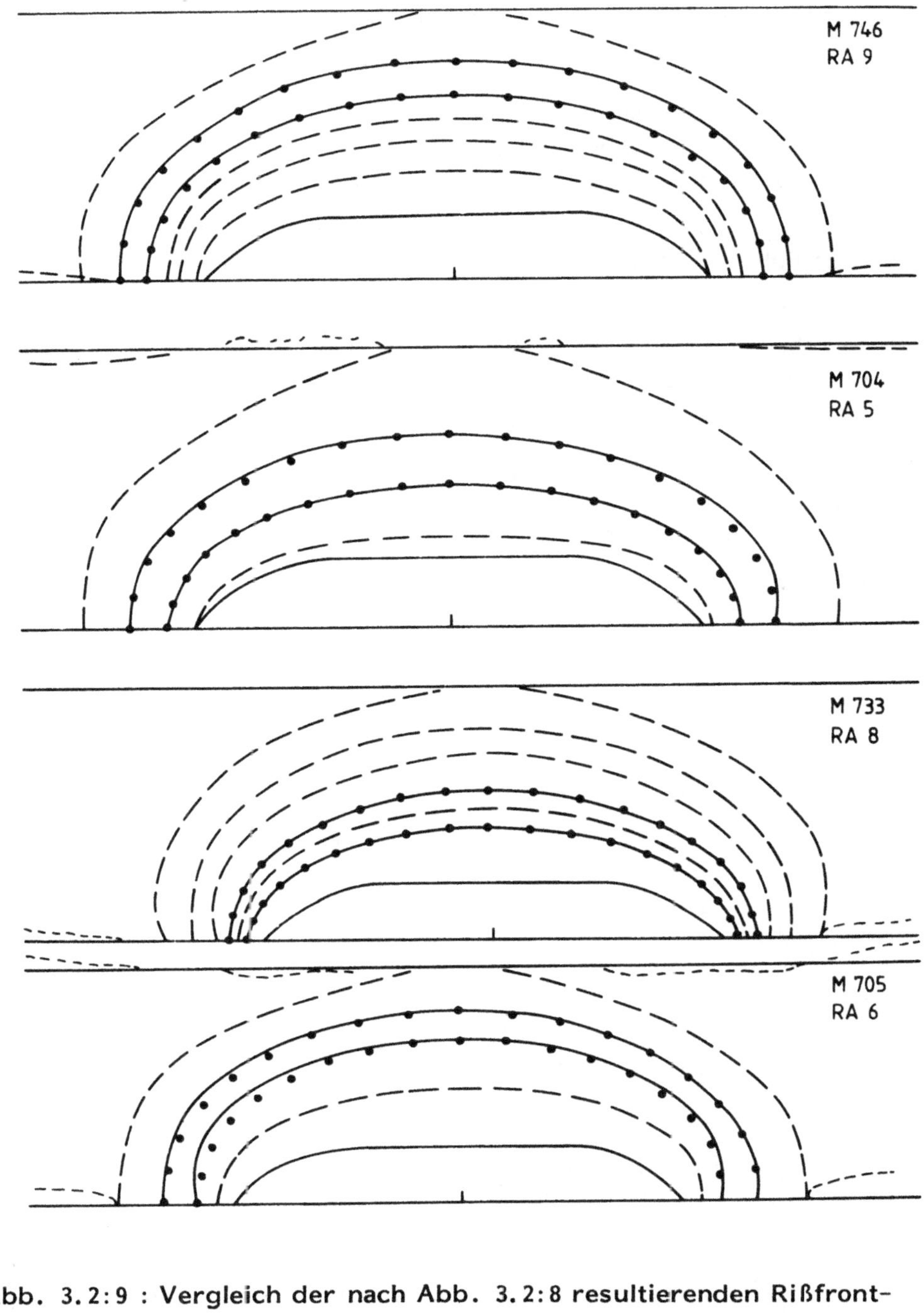

Abb. 3.2:9 : Vergleich der nach Abb. 3.2:8 resultierenden Rißfrontentwicklungen mit zugehörigen Halbellipsen (Punkte)

auf die Rißfront (2) erhalten bleibt. Ähnliches Verhalten wird auch in den Arbeiten von C.W. Smith nachgewiesen [42]. Der relative Rißzuwachs $\Delta l(\Phi)/\Delta a_{Experiment}$ ist somit in diesem Fall einfach bestimmbar, weil er dem Relativabstand zweier Ellipsen entspricht. Vergleicht man dieses Ergebnis mit dem nach Gl. 2.4.:13 verallgemeinerten Ansatz $\Delta l(\Phi)/\Delta a|_{Numerik} = \{C(\Phi)/C_a\} \cdot \{M(\Phi)/M(0°)\}^n$, wobei als Exponent in diesem Fall n = 3 (s. [1]) gesetzt und die Korrekturfunktion $M(\Phi)$ für eine mittlere Rißfront ($a = (a_1 + a_2)/2$, $c = (c_1 + c_2)/2$) bestimmt wurde, und setzt dem experimentell sowie numerisch ermittelten Rißzuwachs gleich, so resultiert die Funktion $C(\Phi)/C_a$ (s. Abb. 3.2:10). Sie ist bis zu einem Winkel Φ = 57° nahezu konstant und fällt erst im oberflächennahen Bereich auf $C_c/C_a \approx 0{,}6$ ab. Im Vergleich hierzu ist die von Newman - Raju (s. Abschnitt 2.4. [17]) vorgeschlagene Abschätzung $C_c/C_a = (0{,}9)^n = 0{,}73$ als brauchbarer mittlerer Wert für eine Approximationsrechnung zu bewerten.

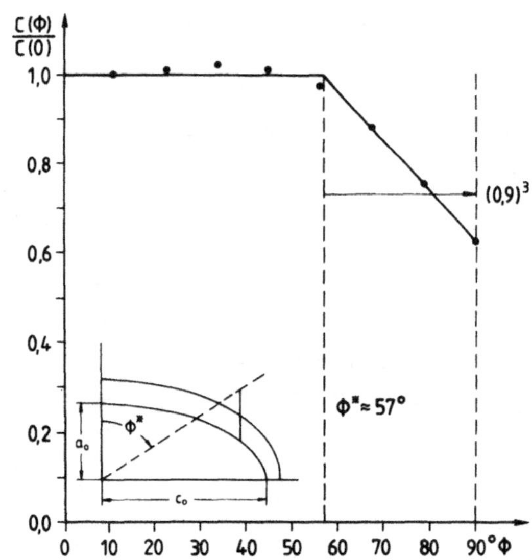

Abb. 3.2:10 : Das "Konstantenverhältnis" $C(\Phi)/C_a$ entlang der Rißkontur als Maß des relativen Bruchwiderstands

3.2.2.4. Zusammenfassung

Die Ergebnisse der Abschnitte 3.2.2.1. bis 3.2.2.3. lassen sich wie folgt zusammenfassen :

Unter Bedingungen, die die Anwendbarkeit der linear-elastischen Bruchmechanik rechtfertigen, lassen sich

- das Wachstum und
- die Formentwicklung

von Oberflächenrissen nur mit Hilfe von Zusatzannahmen widerspruchsfrei mit dem K-Konzept beschreiben :

- Das stärkere Rißwachstum in die Tiefe läßt sich durch die Annahme eines variablen Bruchwiderstands entlang der Rißkontur erklären. Ursachen hierfür können werkstoff- oder beanspruchungsspezifischer Art sein.
- Die Beibehaltung halbelliptischer Rißformen erfordert die gleiche Annahme oder zumindest die Verwendung eines "integrierenden" Ausbreitungskriteriums nach Art der Gl. 2.4.:22 bzw. [43]. (Daß die in [43] vorgeschlagene Vorgehensweise in der Tendenz zwar eine bessere Übereinstimmung von Rechnung und Experiment bringt, aber nicht ausreicht, um den Befund eines zu ausgeprägten Tiefenrißwachstums zu erklären, geht aus der Arbeit [36] hervor.)

3.2.3. Rißformentwicklungen bei zunehmender Plastifizierung

In den vorangehenden Abschnitten wurde ausgeführt, daß für die Formentwicklung von Oberflächenrissen die Spannungsfaktorverteilung nicht allein bestimmend sein kann. Auf der Suche nach den Haupteinflußgrößen liegt die Annahme nahe, das Verhältnis der plastischen Zone an der Rißspitze $r_{0,2}$ zur Probendicke t oder zur Rißhalbachse a bzw. c sei maßgebend für die Rißformentwicklung - ähnlich wie es im ebenen Fall bruchmodusabgrenzend ist. Für kleinplastisches Fließen läßt sich folgende Proportionalbeziehung aufstellen [44] :

$$\frac{r_{0,2}}{t} \propto \frac{(K_{Im}/R_{p0,2})^2\, F(q)}{t} \propto \frac{a}{t}\left\{\frac{M_m(a/t,\, a/c,\, \Phi)}{E_2\,(a/c)}\right\}\cdot\left\{\frac{\sigma_m}{R_{p0,2}}\right\}^2\cdot F(q)$$

oder verkürzt : $\propto H(a/t,\, a/c,\, \Phi,\, q)\left\{\frac{\sigma_m}{R_{p0,2}}\right\}^2$

Danach würde die Rißform primär bestimmt durch

- die relativen Rißabmessungen a/t, a/c, nach Maßgabe der Funktion H(a/t, a/c, ...)
- die Belastungshöhe σ_m; beim Ermüdungsversuch etwa der Mittellast σ_{mittel}
- dem Grad der lokalen Mehrachsigkeit F(q) und damit sicherlich auch durch absolute Abmessungen
- der Fließgrenze des untersuchten Werkstoffs $R_{p0,2}$.

Einige Experimente - durchgeführt an Al Cu Mg 1 Flachproben der Abmessungen 1000 x 197 x 20 mm^3 und der Anfangskerbe a = 3,5 mm, c = 8 mm - unter Zugschwellbeanspruchung der Frequenz 6 Hz mögen zur Klärung dienen.

- Abhängigkeit der Rißentwicklung von Relativabmessungen [44]

Um die Unabhängigkeit der Rißentwicklung von absoluten Abmessungen zu beweisen, wurde neben der Standardprobe eine in allen Maßen um den Faktor 2,5 verkleinerte Probe getestet. Die Spannungsschwingbreite $\Delta\sigma$ wurde für beide Proben gleich und konstant gehalten. Die Belastungshöhen $\sigma_{max}/R_{p0,2} = 0,3$ und $\sigma_{mittel}/R_{p0,2} = 0,17$ bei einem $R_{p0,2} \approx 300\ N/mm^2$ garantierten auch für den Endzustand der Risse noch kleinplastisches Fließen. Daß die aus den Bruchflächenbildern (Abb. 3.2:11) ablesbare Entwicklung der Rißform tatsächlich nur von den Relativabmessungen abhängt, bestätigt die Auftragung in Abb. 3.2:12.

- Abhängigkeit der Rißentwicklung von der Belastungshöhe [45]

Zur experimentellen Überprüfung der Abhängigkeit von der Belastungshöhe wurden insgesamt vier Versuche durchgeführt: Bei drei Ermüdungs-

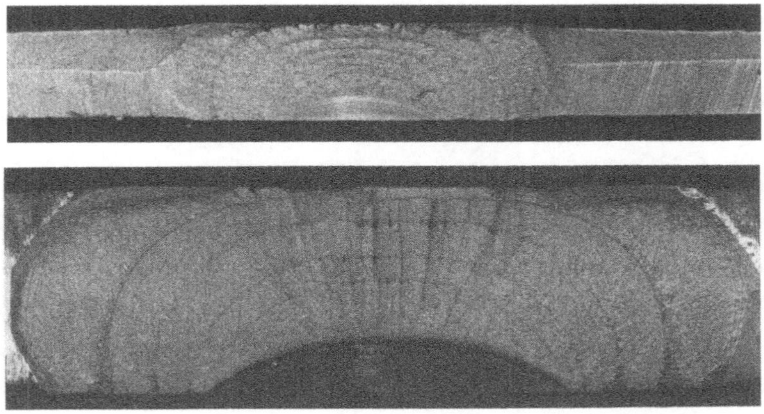

Abb. 3.2:11 : Ermüdungsbruchflächen zweier Proben aus Al Cu Mg 1, deren Abmessungen um den Faktor 2,5 unterschiedlich sind

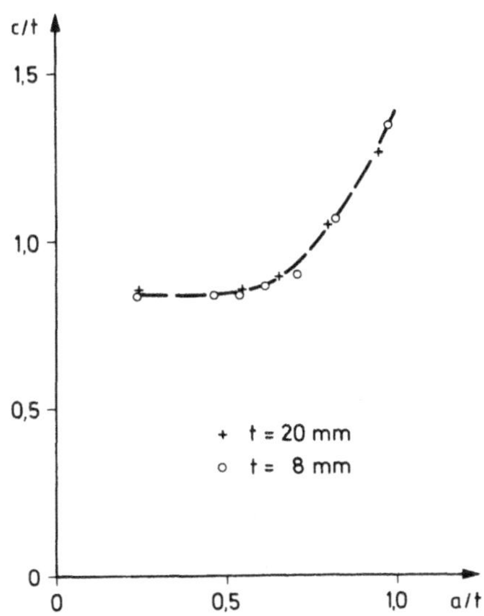

Abb. 3.2:12 : Relative Rißentwicklung der Proportionalproben

versuchen wurden annähernd konstante ΔK- und K_{mittel}-Werte im Scheitelpunkt der Risse angestrebt und durch Reduzierung von $\Delta\sigma$ und σ_{mitel} bei zunehmender Rißtiefe realisiert. Während ΔK für alle drei Versuche den gleichen Betrag hatte, wurde K_{mittel} von Versuch zu

Versuch gesteigert. Zumindest der dritte Versuch fällt wegen zu hohen $\sigma_{mittel}/R_{p0,2}$-Verhältnisses aus dem Gültigkeitsbereich der linear-elastischen Bruchmechanik heraus.

Die Reihe der Ermüdungsversuche wurde mit einem Versuch bei zügiger Belastung ergänzt. Für die zügige Belastung wurde im Gegensatz zu den drei anderen lastgesteuerten Versuchen eine Weg-Steuerung benutzt, um eine kontrollierte Rißerweiterung zu gewährleisten. Zur Steuerung der Belastungen wurden die Rißlängen an der Probenoberfläche mit Hilfe einer Videoanlage beobachtet. Zum gleichen Zweck wurde die Rißtiefe aus der Rißöffnungsmessung mit einem über die Rißmitte angebrachten Aufnehmer unter Verwendung einer Eichkurve vorläufig geschätzt. Bei allen Versuchen wurde die jeweilige Lage der Rißfront nach einer Rißvergrößerung durch eine kurzzeitige Ermüdungsbelastung auf der Bruchfläche markiert. Die mittleren Abstände zwischen den Markierungslinien wurden genügend groß gewählt, um die Versuchsergebnisse durch die Markierungsmethode nicht zu verfälschen.

In Abb. 3.2:13 sind die Belastungsbedingungen für alle vier Versuche schematisch dargestellt. Der Grundbelastung folgt jeweils die Markie-

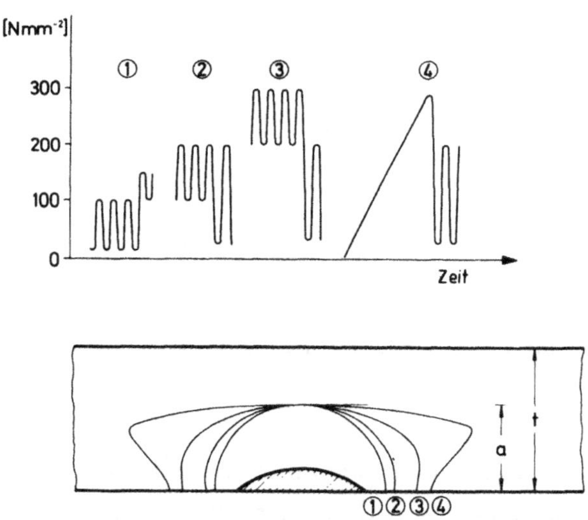

Abb. 3.2:13 : Variation der Belastungsbedingungen.
Unten : resultierende Rißformen für a/t = 0,6

rungsbelastung. Die absoluten Zahlenwerte der Spannungen beziehen sich auf den Versuchsanfang. Als Verhältnis der Lastwechselzahlen von Markierungs- zu Grundbelastung wurden bei den ersten drei Versuchen 0,01 angesetzt. In der gleichen Abbildung unten sind die Rißfronten aus den vier Versuchen für die gleiche relative Rißtiefe a/t = 0,6 aufgetragen. Während bei der niedrigen Mittelspannung ($\sigma_{mittel}/R_{p0,2} \approx 0,2$) die Rißfront fast halbkreisförmig ist, bewirken die höheren Mittellasten immer breitere Rißformen. Bei zügiger Belastung bis $\sigma_{max} \approx R_{p0,2}$ bilden sich an der Rißform deutliche Spitzen aus.

Der quantitative Verlauf der Rißentwicklung für alle vier Belastungsfälle ist der Abb. 3.2:14 zu entnehmen : je höher die Belastung, desto kleiner wird das resultierende a/c-Verhältnis. Bei genauer Rißformauswertung ist außerdem festzustellen, daß das Maximum des Rißfortschritts mit zunehmender Belastung immer deutlicher aus dem Scheitelpunkt auswandert. Gründe hierfür sind in der zunehmenden Plastifizierung des Restquerschnitts zwischen Scheitelpunkt und Probenrückwand und der damit verbundenen Spannungsumlagerung zu suchen. In qualitativer Übereinstimmung mit den Ergebnissen des Abschnitts 2.1.

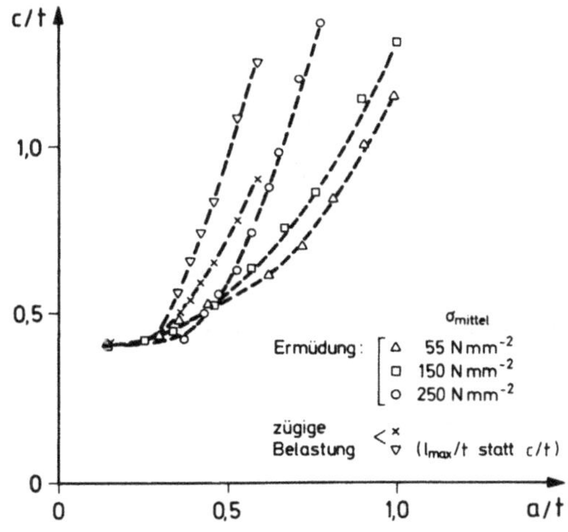

Abb. 3.2:14 : Relative Rißabmessungen von vier Versuchen, bei denen unter sonst gleichen Bedingungen nur die Belastungen geändert werden

werden bei zunehmender Plastifizierung die Spannungsüberhöhungen in Tiefenrichtung stärker abgebaut als in lateraler; die Normalspannung σ_{zz}/σ_F ist zudem höher, wenn örtlich eine mehrachsige Beanspruchung vorliegt. Daraus ist zu schließen, daß die höchste örtliche Beanspruchung an der Rißfront etwa in dem Winkelbereich $\Phi \approx 60°$ entstehen muß, in dem sich bei weiterem Rißfortschritt tatsächlich die Spitzen ausbilden.

Ergänzend sei bemerkt, daß der oben geschilderte Effekt dem in den vorangehenden Abschnitten diskutierten übermäßigen Tiefenrißwachstum gegenläufig ist und somit zur Erklärung - durch eventuelle falsche Versuchsführung - ausscheidet.

3.2.4. Zum Verhalten "kleiner" Risse

Die Analysen der linear-elastischen wie auch der elastisch-plastischen Bruchmechanik müssen ihren Gültigkeitsbereich u.a. durch die direkte oder indirekte Forderung einschränken, daß der örtlich begrenzte Bereich, in dem der eigentliche Versagensprozess beginnt, - die Prozesszone - klein ist gegen die Abmessungen der Probe und damit auch gegen die Rißlänge. In diesem Sinn ist der Begriff "kleiner" Riß relativ zu verstehen.

Zwei Beispiele aus der Sicht des Anwenders mögen veranschaulichen, warum es notwendig ist, die Frage nach dem Verhalten kleiner Risse zu stellen :

- Die Abschätzung zulässiger Fehlertiefen anhand von Auslegungsspannungen und bruchmechanischen Kennwerten führt bei hochfesten Werkstoffen auf sehr kleine Werte. Deshalb ist zu überprüfen, ob der Brucheinsatz durch die gleichen Bedingungen wie beim Makroriß gesteuert wird.
- Bei der Berechnung von Bauteillebensdauern durch Integrationen über den Rißverlauf werden die Ausbreitungsphasen kleiner Risse häufig mit einbezogen. Deshalb ist zu fragen, ob die Bruchausbreitung beim Mikro- und Makroriß der gleichen Gesetzmäßigkeit unterliegt.

Zur Begründung der ersten Frage verdeutlicht die nachfolgende Übersicht, wie unterschiedlich das Verhältnis von zulässiger Rißtiefe zur Prozesszone bei verschiedenen Werkstoffen ausfallen kann. Die zulässigen Rißlängen a_{zul} und die Größen der Prozesszonen r_o wurden nach Maßgabe der Formeln

$$a_{zul} = K_{Ic}/\{(1{,}12\,\sigma_{Auslegung})^2\pi\} \text{ bzw. } r_o = K_{Ic}^2/(R_{pO,2}^2 \cdot 2 \cdot \pi)$$

abgeschätzt. Da nur die Größenordnungen veranschaulicht werden sollen, werden Unterschiede, die modellbedingt für durchgehende Risse oder Oberflächenrisse resultieren würden, nicht beachtet.

Bei Verhältnissen von $r_o/a_{zul} > 0{,}1$ unterliegen Risse nicht mehr ausschließlich der Wirkung des Nahfeldes. Spannungsumlagerungen infolge plastischer Deformationen verändern das Spannungs-Verformungsfeld in Rißspitzennähe so, daß die Dominanz der $1/\sqrt{r}$-Singularität nicht mehr vorausgesetzt werden kann. Derartige Prozesse sind bekanntlich theoretisch sehr schwer zu erfassen. Deshalb ist der experimentelle Zugang, Kennwerte an Proben mit kleineren Rissen zu bestimmen, am sinnvollsten. Da die Anzahl der Untersuchungen zu dieser Problemstellung gering ist, werden hier nur die Ergebnisse von Wiltshire and Knott [27, 28] zitiert.

Werkstoff	Bruchzähigkeit $N/mm^{3/2}$	Auslegungsspannung $N/mm^{3/2}$	zulässige Rißtiefe mm	Prozesszonengröße mm	r_o/a_{zul}
Glas [13]	24	$0{,}1R_m \approx 60$	0,05	10^{-5}	$2\cdot10^{-4}$
Al-Leg. 7010(+) [27]	1455	$0{,}6R_{pO,2} \approx 355$	4,3	1	0,2
Stahl(++) [27]	2400	$0{,}6R_{pO,2} \approx 1150$	1,1	0,7	0,6

(+) 6,2 Zn 2,5 Mg 1,7 Cu 0,14 Zr 0,11 Fe 0,07 Si

(++) 18 Ni 9 Co 5 Mo 0,6 Ti 0,1 Al

Belegt für einige hochfeste Stahl- und Aluminium-Legierungen folgt hiernach erstaunlicherweise, daß sich die Methoden der linear-elastischen Bruchmechanik bis herunter zu Rißlängen bewähren, die für Auslegungsspannungen $\sigma_{Auslegung} \approx R_{pO,2}$ resultieren. Elastisch-plastische Auswertungen anhand des CEGB-Fehler-Bewertungsdiagramms (s. z.B. [21]) zeigen zudem, daß Risse, deren Größen noch kleiner waren, ungefährlich sind, weil ihre Verformungsreserven sich als sehr hoch erweisen.

Ob diese Ergebnisse in vollem Umfang verallgemeinerungsfähig sind, müssen weitere Untersuchungen zeigen. Die Klärung dieser Frage ist zur Bewertung der Sicherheit von Bauteilen unumgänglich, zumal hiermit die Nahtstelle zwischen den Methoden der zerstörungsfreien Werkstoffprüfung und der Bruchmechanik berührt wird.

Ob die Bruchausbreitung von Mikro- und Makrorissen dem gleichen Gesetz folgt, ist wiederum nur experimentell festzustellen. Derartige Untersuchungen werden häufig mehr von dem Wunsch gesteuert, anwendungsfreundliche Verfahren zur Beschreibung der Bruchausbreitung zu entwickeln (s. z.B. [47]), als auftretende Unterschiede in den Ausbreitungsmechanismen aufzuspüren. Einen Zugang im Sinn der hier aufgeworfenen Frage bieten die Arbeiten von Gangloff [48, 49, 50]. Gangloff untersucht mit Hilfe der Potentialmethode die Ausbreitung kleiner Oberflächenrisse in 18 Ni 8 Co 1 Mo-Stahlproben ($R_{pO,2}$ = 1300 N/mm^2 bei 300° K) unter Zugschwellbelastung (R = 0,1) bei Beanspruchungsverhältnissen bis zu $\sigma_{max}/R_{pO,2}$ = 0,84 und kommt zu folgendem Ergebnis: Die an kleinen Oberflächenrissen bestimmten Bruchausbreitungsdaten stimmen völlig mit den an standardisierten Probenkonfigurationen gemessenen überein. Das Rißwachstum ist mit der einfachen Paris-Beziehung $da/dN = C \Delta K^n$ im gesamten Variationsbereich von $0{,}1 < a < 0{,}8$ mm und $0{,}3\, R_{pO,2} < \sigma_{max} < 0{,}9\, R_{pO,2}$ beschreibbar. Ein beschleunigtes Rißwachstum kleiner Risse konnte im Gegensatz zu anderen Befunden nicht festgestellt werden.

Die als Beispiel für das Verhalten kleiner Risse angeführten Arbeiten mögen als Beleg dafür dienen, daß für diesen Bereich keine außergewöhnlichen Unstimmigkeiten des bruchmechanischen Konzepts zu erwarten sind. Daß jedoch mit diesen Ergebnissen noch kein abschließender Befund vorliegt, steht außer Zweifel.

3.2.5. Literatur : Abschnitt 3.2.

[1] Blauel, J.G., "Experimental Techniques for the Determination of the Initiation of Failure", 2nd Advances Seminar on Fracture Mechanics, M. Larsson, Ed., Applied Science Publishers, 1979

[2] Blauel, J.G., Hollstein, T., "On the Determination of Elasto-Plastic Material Parameters Results and Problems", OECD CSNI-Specialists Meeting, Stl. Louis; NUREG/CO-0010, CSNI Report 39, 1979, S. 1 - 12

[3] Kalthoff, J.F., "Zur Ausbreitung und Arretierung schnelllaufender Risse", Fortschritts-Bericht VDI-Z., 18, 1978, S. 1 - 95

[4] Kalthoff, J.F., Winkler, S., Beinert, J., "The Influence of Dynamic Effects in Impact Testing", Internat. J. Fracture, Vol. 13, 1977, S. 528 - 531

[5] Chang, J.B., Ed., "Part-Through Crack Fatigue Life Prediction", ASTM STP 687, 1977

[6] Varner, J.R., Oel, H.J., "Einfluß von Oberflächenbeschädigungen auf die Festigkeit von Glasstäben", Glastechnische Berichte, 48, 1975, S. 73 - 78

[7] Kerkhof, F., "Bruchvorgänge in Gläsern", Verlag d. Deutschen Glastechnischen Gesellschaft, Frankfurt, 1970

[8] Blauel, J.G., Richter, H., "Thermisch induzierte Innenbrüche in Glasstäben", Glastechnische Berichte, 42, 1969, S. 136 - 139

[9] Rooke, D.P., Cartwright, D.J., "Compendium of Stress Intensity Factors", The Hillington Press, Uxbridge, 1976

[10] Neuber, H., "Kerbspannungslehre", 2. Aufl. Berlin/Göttingen/Heidelberg, Springer Verlag, 1962

[11] Kordisch, H., Riedmüller, J., Sommer, E., "The Strain Energy Density Criterion - Investigations for its Applicability", Symposium on Absorbed Specific Energy and/or Strain Energy Density Criterion, Budapest, 1980

[12] Kordisch, H., "Untersuchungen zum Verhalten von Rissen unter überlagerter Normal- und Scherbeanspruchung", Dissertation, Karlsruhe, 1982

[13] Kerkhof, F., Richter, H., "Die kritische spezifische Bruchenergie und ihre Messung an verschiedenen Gläsern mit Hilfe der Ultraschallfraktografie", Glastechnische Berichte, 42, 1969, S. 129 - 136

[14] Stahn, D., "Zur Erfassung der technischen Festigkeit von Glas", Glastechnische Berichte, 51, 1978, S. 226 - 234

[15] Sommer, E., "Das Bruchverhalten von Rundstäben aus Glas im Manteldruckversuch mit überlagerter Zugspannung", Glastechnische Berichte, 40, 1967, S. 304 - 307

[16] Hodulak, L., Kordisch, H., Kunzelmann, S., Sommer, E., "Bruchverhalten von teilweise durchgehenden Rissen", IWM-Bericht V 1/77, Freiburg, 1977, S. 1 - 99

[17] Collipriest, J.E.Jr., "An Experimentalist's View of the Surface Flaw Problem", The Surface Crack - Physical Problems and Computational Solutions, J.L. Swedlow, Ed., 1972, ASME, S. 43 - 61

[18] Srawley, J.E., Brown, W.F.Jr., in "Fracture Toughness Testing Methods", ASTM STP 381, 1965, S. 133 - 198

[19] Krafft, J.M., Sullivan, A.M., Boyle, R.W., "Effect of Dimensions on Fast Fracture Instability of Notched Sheets", Crack Propagation Symposium, College Aeronautics, Cranfield, Vol. 1, 1961, S. 8 - 28

[20] Kerkhof, F., Sommer, E., "Kriterien der Bruchentstehung aus der Sicht der Bruchmechanik", Materialprüfung, 14, 1972, S. 289 - 328

[21] Blauel, J.G., "Konzepte und Möglichkeiten der Fließbruchmechanik zur Bewertung der Bruchsicherheit", 6. MPA-Seminar, Stuttgart, 1980

[22] Shih, C.F., Kumar, F., "Estimation Technique for the Prediction of Elasto-Plastic Fracture of Structural Components of Nuclear Systems", General Electric Company, Corporate Research and Aeronautic Report, 1979

[23] Paris, P., Johnson, R.E., "A Method of Application for Elastic-Plastic Fracture Mechanics on Nuclear Vessel Analysis", NUREG Report, 1981

[24] Sommer, E., "On the Relevance of Ductile Fracture Concepts for the Assessment of Large Scale Specimens of the German Research Program Integrity of Components", 7. MPA-Seminar, Stuttgart, 1981, und Nuclear Engineering and Design 72, 1982, S. 35 - 41

[25] Smith, F.W., "The Elastic Analysis of the Part-Circular Surface Flaw Problem by the Alternative Method", The Surface Crack - Physical Problems and Computational Solutions, J.L. Swedlow, Ed., 1972, ASME, S. 125 - 152

[26] Newman, J.C.Jr., "A Review and Assessment of the Stress-Intensity Factor for Surface Cracks", ASTM STP 687, J.B. Chang, Ed., 1979, S. 16 - 42

[27] Wiltshire, B., Knott, J.F., "The Fracture Toughness of High Strength Engineering Alloys Containing Short Cracks", Proceedings ICF 5, Cannes, 1981

[28] Wiltshire, B., Knott, J.F., "The Toughness of High-Strength Marageing Steels, Containing Short Cracks", Internat. J. Fracture, Vol. 16, 1980, S. R19 - R25

[29] Sommer, E., Hodulak, L., Kordisch, H., "Growth Characteristics of Part-Through Cracks in Thick-Walled Plates and Tubes", J. Pressure Vessel Technology, Trans ASME, Vol. 99, Series U, 1977, S. 106 - 111

[30] Hodulak, L., Kordisch, H., Kunzelmann, S., Sommer, E., "Growth of Part-Through Cracks", Fracture Mechanics, ASTM STP 677, C.W. Smith, Ed., 1979, S. 399 - 410

[31] Prodan, M., "Two-Dimensional Growth of Semi-Elliptical Surface Cracks in Tensile Plates", Material und Technik, 1, 1981, S. 29 - 33

[32] Prodan, M., "Ein Beitrag zur Kenntnis des dreidimensionalen Oberflächenrißverhaltens in bauteilähnlichen Scheiben und ihre Anwendung in der Bruchmechanik", Dissertation, Zürich, 1982

[33] Kawahara, M., "Study on Assessment of Safety against Fatigue Crack Propagation in Nuclear Pressure Vessels and Piping Circuits", AFC Subcommittee, Japanese Welding Engineering Society, Dox. YWE-AE-7805, 1978

[34] Iida, K., Kawahara, M., "Changes in Fatigue Crack Shape during Growth", Nautic Report No. 9011, Dept. of Naval Architecture, University Tokyo, 1975

[35] Görner, F., Mattheck, C., Munz, D., "Berechnung der Geometrieänderung von Oberflächenrissen bei Zug- und Biegewechselbelastung", PSB-Bericht 1524, KFK 1981

[36] Görner, E., Müller, S., Munz, D., "Ausbreitung von Oberflächenrissen in Platten unter Biegewechsel- und Zugwechselbelastung", DVM-AK-Bruchvorgänge, Mülheim, 1982

[37] Johnson, W.S., "Prediction of Constant Amplitude Fatigue Crack Propagation in Surface Flaws", PTC Fatigue Life Prediction, ASTM STP 687, J.B. Chang, Ed., 1979, S. 143 - 155

[38] Cruse, T.A., Gemma, A.E., Lacroix, R.F. and Meyer, T.A., "Surface Crack Life Prediction: An Overview", PTC Fatigue Life Prediction, ASTM STP 687, J.B. Chang, Ed., 1979, S. 3 - 15

[39] Engle, R.M.Jr., "Aspect Ratio Variability in Part-Through Crack Life Analysis", PTC Fatigue Life Prediction, ASTM STP 687, J.B. Chang, Ed., 1979, S. 74 - 88

[40] Weiss, V., "Material Ductility and Fracture Toughness of Metals", Proceedings, Internat. Conference on Mechanical Behavior of Materials, Vol. 1, 1972, S. 458 - 474

[41] Vroman, G.A., "Life Prediction Analysis of Parth-Through Cracks" ASTM STP 687, J.B. Chang, Ed., 1979, S. 89 - 95

[42] Smith, W.C., Post, D., Nicoletto, G., "Prediction of Sub-Critical Crack Growth Data From Model Experiments", Proceedings, SECTAM XI, Huntsville, 1982, S. 167 - 179

[43] Besuner, P.M., "Residual Life Estimates for Structures with Partial Thickness Cracks", Mechanics of Crack Growth, ASTM STP 590, 1976, S. 403 - 419

[44] Hodulak, L., Kunzelmann, S., Sommer, E., "Zur Entwicklung der Form von teilweise durchgehenden Rissen", IWM-Bericht W 2/77, 1977, S. 1 - 24

[45] Hodulak, L., Kordisch, H., Kunzelmann, S., Sommer, E., "Influence of the Load Level on the Development of Part-Through Cracks", Internat. J. Fracture, Vol. 14, 1978, S. R35 - R38

[46] Prodan, M., Radon, J.C., "Fractography and the Shape of Part-Through Cracks", Proceedings ECF 4, Leoben, 1982, to be published

[47] Nowack, H., Heuler, T., Seeger, T., "Einige Ansätze zur Beschreibung des Verhaltens kleiner Risse an Kerben bei Schwierigbelastung", DVM-AK-Bruchvorgänge und Betriebsfestigkeit, Mülheim, 1982

[48] Gangloff, R.P., "Quantitative Measurements of the Growth Kinetics of Small Fatigue Cracks in 10 Ni Steel", ASTM STP 738, D.J. Hudak, Jr., and R.J. Bucci, Eds., 1981, S. 120 - 138

[49] Gangloff, R.P., "Electrical Potential Monitoring of Crack Formation and Subcritical Growth from Small Defects", Fatigue of Engineering Materials and Structures, Vol. 4, 1981, S. 15 - 33

[50] Gangloff, R.P., "The Criticality of Crack Size in Aqueous Corrosion Fatigue", Research Mechanica Letters, 1, 1981, S. 299 - 306

4 Bewertung der von Oberflächenrissen ausgehenden Gefährdung

Auf der Grundlage der in den vorangehenden Abschnitten diskutierten Kriterien kann die von Oberflächenrissen ausgehende Gefährdung in einem weiten Bereich des technisch interessierenden Parameterfeldes bewertet werden, wenn auch bei einzelnen Detailschritten noch wesentliche Lücken zu schließen sind. Für eine Bewertung erschwerend ist allerdings die Vielzahl möglicher Einflußgrößen und deren nicht gerade übersichtlicher funktionaler Zusammenhang. Im Interesse einer Anwendungsfreundlichkeit sind deshalb pauschalierende Betrachtungen nützlich, bei denen der Nachteil der Vergröberung durch den Vorteil der besseren Durchschaubarkeit wesentlicher Zusammenhänge aufgewogen wird.

Anwendungstechnische Gesichtspunkte für eine Bewertung können auf sehr unterschiedlichen Fragestellungen beruhen. Hier sollen zwei Zielrichtungen verfolgt werden :

- der vollständige Ausschluß eines Versagens bzw.
- die Kontrollierbarkeit eines Versagensablaufs.

4.1. Versagensausschluß

Die Forderung des vollständigen Versagensausschlusses wird im Folgenden so verstanden, daß Oberflächenrisse in einem Bauteil weder im Sprödbruchbereich instabil, noch im elastisch-plastischen Übergangsbereich durch Einsatz stabilen Rißwachstums, noch im Grenzlastbereich durch plastischen Kollaps zu einem Versagen führen dürfen. Ohne sonstige wesentliche Einschränkungen des Parameterfeldes werden umgebungsbedingte und zeitabhängige Vorgänge wie Korrosion und Kriechen nicht und Lasten nur quasistatisch betrachtet.

Am einfachsten lassen sich die für die verschiedenen Bereiche aufgestellten Versagensbedingungen an einem konkreten Beispiel aufsummieren : Wie in Abb. 4:1 skizziert, soll das Versagen eines langen Rohrs ($L \gg R_i$) mit Axialrissen unter Innendruck untersucht werden. Dazu werden zunächst folgende Festlegungen getroffen :

- Geometriebedingungen :

  Rohr : $R_i/t = 10$

  Risse : $c/t = 1$

  verschiedene Abmessungen

Bezeichnung :	1	2	3	4
$a/t = a/c$	0,2	0,5	0,8	1,0

  Absolut werden zwei Variationen der Wandstärke t festgesetzt :

  $t = 0{,}05$ m und 0,2 m

  Damit liegen indirekt auch die anderen Maße fest.

- Lastbedingungen :

  Die Risse stehen primär unter der durch den quasistatischen Innendruck p_i erzeugten Umfangsspannung $\sigma_{\phi\phi}$. Nach Gl. 2.2.:7 ist

  $$\overline{\sigma_{\phi\phi}} = (R_i/t) \cdot p_i = 10\, p$$

- Werkstoff :

  Druckbehälter-Stahl 22 Ni Mo Cr 3 7 nach einer Sonderwärmebehandlung. Dieser Stahl wurde ausgewählt, weil die notwendigen Daten in der Darstellung von Hollstein (2.1. [18]) über einen weiten Temperaturbereich zusammengefaßt vorliegen.

  Als typische Daten seien übernommen für T = 25° C :

$R_{p0,2}$	R_m	A_v(Hochlage)	T_{68J}
[N/mm^2]	[N/mm^2]	[J]	[°C]
620	760	135	- 18

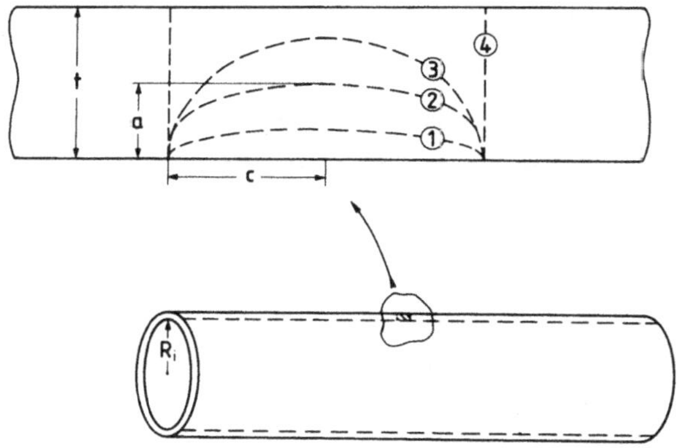

Abb. 4:1 : Prinzipskizze : Langes Rohr mit Axialrissen vier verschiedener Abmessungen

Im interessierenden Temperaturbereich von - 150 bis + 100° C sind die Variationen

$825 > R_{p0,2} > 590$ N/mm^2
$955 > R_m > 740$ N/mm^2

Die kritischen Kennwerte K_{Ji} sind in dem Temperaturbereich $-150 < T < 25$ [°C] durch die empirisch gewonnene Anpassungsformel gegeben :

$$K_{Ji} = 13{,}48\, e^{0{,}00851(T+273)} \; MN/m^{3/2}$$

Der Index Ji deutet darauf hin, daß die Kennwerte von Hollstein über J-Integralauswertungen bestimmt wurden und auf die Bruchinitiierung bezogen sind.

Auf der Grundlage dieser Daten und nach Maßgabe der Formeln 2.2.:1 und 2.3.:5 wurden, soweit es die Gültigkeitskriterien erlauben, für den Tieftemperaturbereich < 0° C die Umfangsspannung $(\sigma_{\phi\phi})_{Ji}$ berechnet, bei denen ein Versagen einsetzt. Die für die Berechnung notwendigen Werte der Korrekturfunktionen M_i wurden den gegebenen Bedingungen anhand der Ausführungen in Abschnitt 2.2. angepaßt. Die Grenzlasten im oberen Temperaturbereich wurden in Anlehnung an die Arbeiten Erdogans (2.3. [18]) abgeschätzt. In den Abbildungen 4:2 und 4:3 sind die resultierenden Versagenslasten bezogen auf die Fließsspannung $\sigma_F(T) = (R_{p0,2} + R_m)/2$ für die zwei verschiedenen Wandstärken t = 0,05; 0,2 [m] in Abhängigkeit von der Temperatur aufgetragen. Bewertungsunsicherheiten treten in den gestrichelt gezeichneten Übergangsbereichen auf. Sie sind gekennzeichnet durch starke plastische Verformungen im Rißumfeld verbunden mit dem Einsatz stabilen Rißwachstums. Die hier extrapolierten Kurven beziehen sich auf die Rißinitiierung und berücksichtigen die in der stabilen Ausbreitungsphase liegenden Reserve an Sicherheit nicht. Das Kurvensystem der Abb. 4:2 ist näherungsweise durch eine Temperaturverschiebung von $\Delta T \approx +80°$ C in das der Abb. 4:3 zu überführen - entsprechend der größeren Sprödbruchneigung des Bauteils mit höherem Constraint.

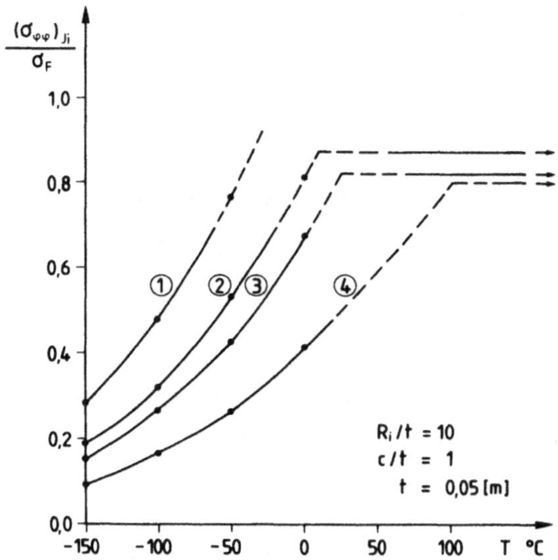

Abb. 4:2 : Auf die Fließspannung bezogene Versagenslast in Abhängigkeit von der Temperatur; t = 0,05 [m]

Daß der Brucheinsatz für die Kurven 1 und 2 jeweils in Tiefen- (d.h. radialer) und die Kurven 3 und 4 in Seiten- (d.h. axialer) -Richtung erfolgt, vermittelt die Abb. 4:4. Bei der als Beispiel herausgegriffenen Temperatur von -50° C ist die normierte Versagenslast in Ab-

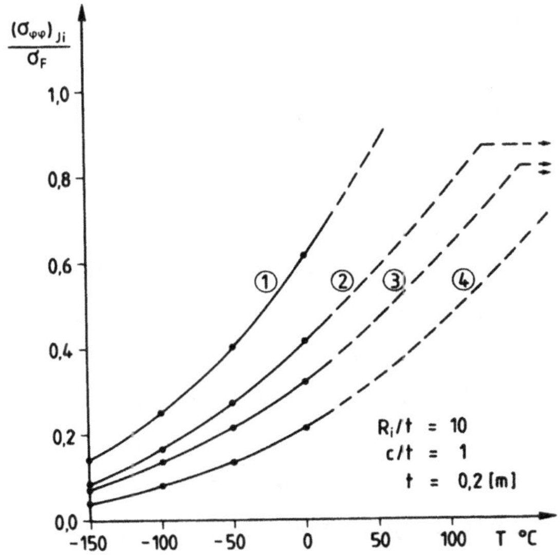

Abb. 4:3 : Auf die Fließspannung bezogene Versagenslast in Abhängigkeit von der Temperatur; t = 0,2 [m]

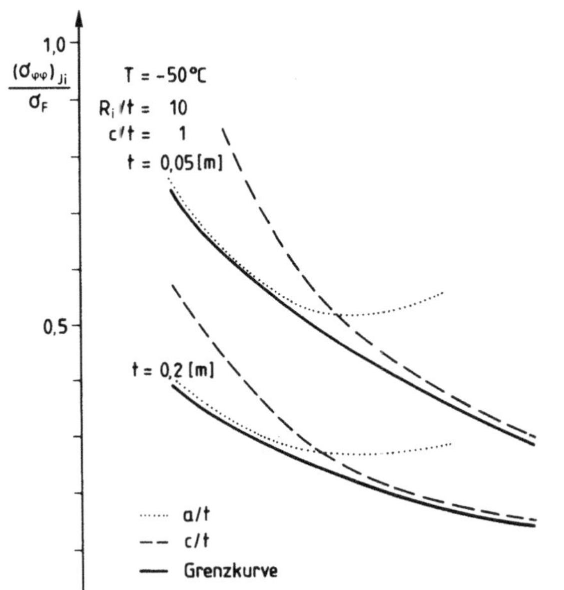

Abb. 4:4 : Normierte Versagenslast in Abhängigkeit der bruchauslösenden, relativen Rißlänge

hängigkeit von der bruchauslösenden, relativen Rißlänge l/t (= a/t oder c/t) aufgetragen. Mit dem Ort der höchsten Beanspruchung wechselt die Versagensrichtung. Trotzdem läßt sich näherungsweise eine Grenzkurve als Einhüllende angeben.

Derartige bruchmechanische Einzelbewertungen ermöglichen die rationale Begründung - häufig nur empirisch abstützbarer konventioneller Bewertungsmaßstäbe. Diesem Vorteil, Sicherheitsreserven quantifizieren zu können, steht der Nachteil eines nur in Einzelfällen zu rechtfertigenden hohen Aufwandes zur Ableitung der Aussage entgegen. Deshalb werden in der Praxis anwendungsfreundliche Pauschalbewertungen, die auf größeren Vereinfachungen beruhen und dementsprechend aussageunscharf sind, bevorzugt. Um die Zusammenhänge zwischen beiden Zugängen verallgemeindernd aufzuzeigen, ist in Abb. 4:5 für eine der resultierenden Versagenslast-Temperatur-Kurven ein Bereich, in dem dieses unter speziellen Bedingungen stehende Bauteil sicher zu betreiben ist, durch zwei willkürlich gewählte Geraden I und II eingegrenzt.

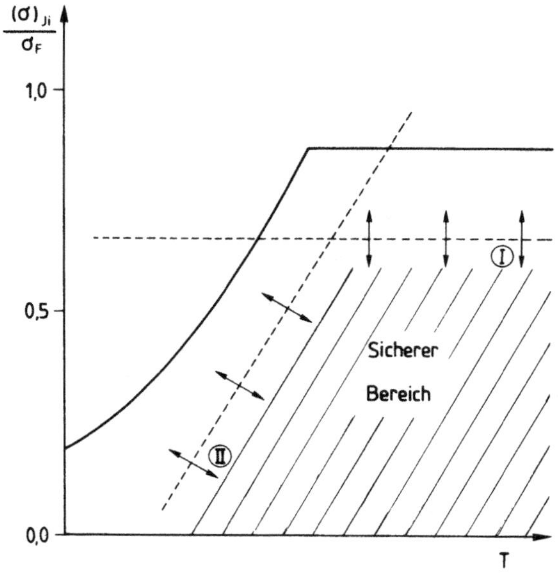

Abb. 4:5 : Abgrenzung von sicheren Bereichen bei Pauschalbewertungen

Die Gerade I gibt die Reserve zur Grenzlast wieder und zeigt, daß unter bestimmten durch die Lage der Geraden II einzuengenden Bedingungen die vom Bauteil ertragbare Last zunimmt, wenn die Fließspannung des Werkstoffs ansteigt. Im deutschen Regelwerk (Merkblätter der Arbeitsgemeinschaft Druckbehälter, Technische Regeln für Dampfkessel) wird diesem Sachverhalt bekanntlich durch die Festlegung von Sicherheitsbeiwerten Rechnung getragen. Sie gewährleisten, daß die zulässigen Spannungen unterhalb bestimmter Beträge der Zugfestigkeit ($<$ 42 %) oder der 0,2-Dehngrenze ($\leq$ 67 %) bei Raum- bzw. der Berechnungstemperatur bleiben. Bei der Festlegung derartiger Reserven gegen Versagen ist allerdings zu berücksichtigen, daß die Grenzlast selbst auch von geometrischen Parametern wie z.B. bei Rohren von dem Verhältnis $\lambda = c/t/(R_i/t)^{1/2}$ (s. Literatur Hinweise [1, 12], (2.3. [18]) abhängt.

Die Lage der Geraden II gibt dagegen die Reserve gegen Brucheinsatz durch sprödes oder duktiles Versagen an. Besondere Bedeutung kommt den Schnittpunkten der Geraden II und I zu. Die Zielvorstellung, diesen Punkt zu möglichst tiefen Temperaturen zu verlagern, bedeutet für das Parameterfeld - getrennt nach

- Geometriebedingungen :
  die Forderung möglichst kleiner Werte der Größen a/t, c/t, t/R_i, a, c, t;
- Werkstoffeigenschaften :
  das Verhältnis von Bruchzähigkeit zu Fließspannung möglichst hochzulegen;
- Belastung :
  durch die Art der Belastung örtliche Constraintwirkungen möglichst gering zu halten.

Daß sich derartige Forderungen prinzipiell über Qualitätskontrollen, Einhaltung von Werkstoffmindestgüten und konstruktive Maßnahmen steuern lassen, bildet als anerkannter Wissensstand die Basis heutiger Sicherheitskonzepte.

Die vorangehenden bruchmechanischen Überlegungen zeigen jedoch, daß die Festlegung von Mindestanforderungen keinesfalls als Absolutaussage verstanden werden darf. So ist z.B. auch die Garantie einer bestimmten Werkstoffgüte durch die Festsetzung einer Mindestzähigkeit (s. z.B. [3, 4]) nur in Relation zum gesamten Parameterfeld zu sehen. Die werkstoffseitigen Forderungen der Einhaltung der Mindestkerbschlagarbeiten A_V

68	[Joule]	bei T_{NDT} + 33° K und
100	[Joule]	in der Hochlage

sind etwa über die Anwendbarkeitskriterien für J-Integralverfahren (vgl. Gl. 2.1.:23) mit den mechanisch-geometrischen Einflußgrößen zu koppeln. Unter Zugrundelegung des empirischen Zusammenhangs zwischen Kerbschlagarbeit A_V und Initiierungswert J_i, $J_i = 600 \cdot \frac{Rp}{E} \cdot A_V$, [5], der allerdings wegen der Verschiedenartigkeit der jeweiligen Vorgänge beim Energieumsatz nur unscharfe Richtwerte liefern kann, folgt als Geometriebedingung

$$a,\ t - a > 50\ \frac{J_i}{\sigma_F} \begin{cases} \approx 8\ [\text{mm}] & \text{bei } 68\ [\text{J}] \\ \approx 15\ [\text{mm}] & \text{bei } 100\ [\text{J}]. \end{cases}$$

D.h., wenn diese Bedingung erfüllt ist, ist mit dem Aufbau eines HRR-Feldes oder örtlicher Constraintwirkung in der Nähe von Fehlerstellen zu rechnen. Erst bei ausgeprägter Nichterfüllung der Ungleichung erfolgt ein Versagen durch plastischen Kollaps. Aus diesem Hinweis ist zu ersehen, daß die Bemühung, durch die Garantie der Werkstoffgüte die Einflüsse von Geometrie und äußerer Beanspruchung völlig zu unterdrücken [6], nur in Grenzfällen gelingen kann.

Mit der Erörterung dieser Beispiele sollte zusammenfassend gezeigt werden, daß sich bei pauschalierender Betrachtung die Argumentationskette für sicherheitstechnische Bewertungen lückenlos schließen läßt. Zur exakten Quantifizierung von Sicherheitsmargen und dem damit bei Einzelbewertungen verbundenen Abbau von Konservativitäten stehen allerdings weitere Detailprobleme zur Lösung an.

4.2. Kontrollierbares Versagen

Die Forderung nach der Kontrollierbarkeit eines Versagensablaufs und damit nach der Eingrenzung von Folgeschäden bildet die doppelte Reserve einer Sicherheitsbetrachtung. Das bekannte Ziel jeder Behältertechnologie, wenigstens durch ein Entlastungsleck ein vollständiges Versagen zu vermeiden, ist ein Standardbeispiel für diese Denkweise. Zur Beurteilung derartiger Möglichkeiten seien einige Aussagen aus den vorangehenden Abschnitten aufsummiert.

Die Frage nach dem "Leck-vor-Bruch" zu beantworten, bedeutet, Kriterien anzugeben, unter welchen Bedingungen Oberflächenrisse in Tiefen- oder Breitenrichtung versagen werden.

Unter der Beschränkung auf linear-elastisches Werkstoffverhalten und unter Zugrundelegung der Voraussetzungen, daß

- der Bruchwiderstand entlang der Rißkontur konstant ist - einer Annahme, die nach den Ausführungen in Abschnitt 3.2. zu relativieren ist - und daß
- die Extremwerte der Beanspruchungsgrößen an den Enden der Achsen der halbelliptischen Risse auftreten,

lassen sich für eine Beurteilungsgrundlage Trennkurven konstruieren, bei denen der Brucheinsatz in beiden Halbachsenrichtungen gleich wahrscheinlich ist, d.h. bei denen $K_i(90°) = K_i(0°)$ bzw. $M_i(90°) = M_i(0°)$ ist.

Als Beispiele sind in der Abb. 4:6 für die Grenzfälle biege- bzw. zugbeanspruchter Oberflächenrisse in Scheiben in einem c/t- über a/t-Diagramm derartige Trennkurven eingetragen.

Die Aussage der Auftragung ist :

- Der Bruchbeginn von Rissen, deren Halbachsenverhältnisse a/c oberhalb der Trennkurven liegen, wird in Tiefenrichtung erfolgen; denn in diesem Gebiet ist $M_i(90°)/M_i(0°) < 1$.

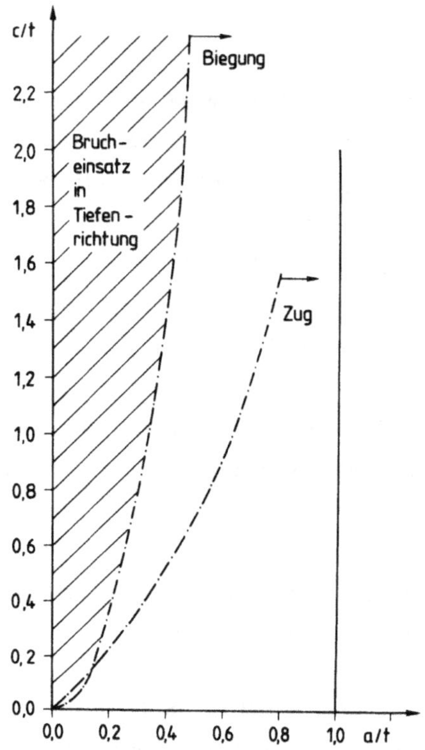

Abb. 4:6 : Trennkurven zur Unterscheidung des Brucheinsatzes in Tiefen- oder Breitenrichtung; relative Rißbreite über der relativen Rißtiefe

- Halbachsenverhältnisse unterhalb der Kurven werden entsprechend zu einem Bruchbeginn in Breitenrichtung führen.

Analoge Trennkurven sind in Abb. 4:7 in der Auftragung a/c über a/t wiedergegeben. Für den Fall der Biegebeanspruchung ist das Gebiet, in dem der Brucheinsatz in Tiefenrichtung erfolgt, jeweils schraffiert.

Die Möglichkeit, eine Änderung des Bruchwiderstands zu berücksichtigen, ist formal gegeben, so ist z.B. der experimentelle Befund, daß der Bruchwiderstand im Randgebiet ($\Phi = 90°$) höher als für $\Phi = 0°$ ist, durch Multiplikation von $M_i(90°)$ mit einem Faktor kleiner eins korrigierbar. Die Pfeile im Diagramm 4:6 deuten die Verschiebungsrichtung der Kurven als Folge einer derartigen Korrektur an.

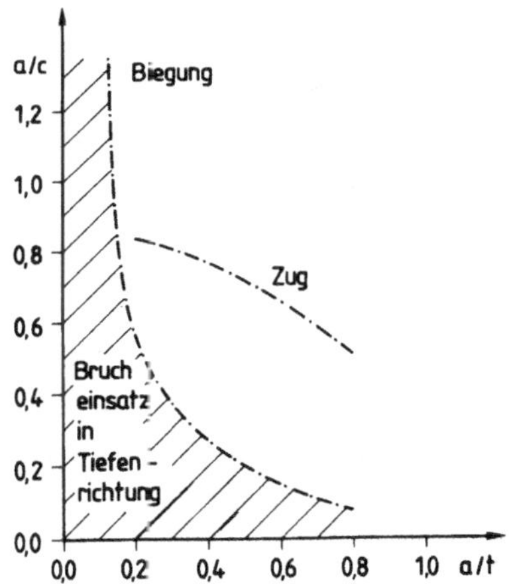

Abb. 4:7 : Trennkurven zur Unterscheidung des Brucheinsatzes in Tiefen- oder Breitenrichtung; Verhältnis der Rißabmessungen über der relativen Rißtiefe

Die Aussageunsicherheit der Trennkurven setzt sich dabei aus den Einzelfehlern

- in der Berechnung der Korrekturfunktionen $\pm\ 2\ \Delta M/M$, bestenfalls $\pm$ 10 %, und
- in der Bestimmung des Bruchwiderstands $\pm\ 2\ \Delta K_I^c(\Phi)/K_I^c(\Phi)$, ca. $\pm$ 10 %

zusammen.

Die Aufstellung der Kurven ist also nur mit einer Genauigkeit von bestenfalls $\pm$ 20 % möglich.

Über den Bruchablauf enthalten die Kurven nur indirekte Informationen: Ein Oberflächenriß, dessen Anfangsabmessungen oberhalb der Trennkurven in Abb. 4:6 einzuordnen sind, beginnt seine Ausbreitung in Tiefenrichtung. Da die in Abschnitt 2.4. geschilderte Tendenz zum Ausgleich der Beanspruchung entlang der Kontur erst nach größeren Laufwegen zu verwirklichen ist, ist der Pfad, der sich aus den Rißabmessungen während der Ausbreitung einstellt, bis zur Trennkurve durch die Bedingung $dc/da < 1$, nach der Trennkurve durch $dc/da > 1$ gekennzeichnet.

Dieser Sachverhalt ist in Abb. 4:8 für einen Riß dargestellt, der während seiner Ausbreitung unter konstanter bis leicht abfallender Zugbeanspruchung steht. Im Gebiet oberhalb der Trennkurve breitet er sich ungünstigenfalls mit der Steigung $(dc/da)_{Anfang} = 1$ aus, nach deren Überschreiten mit einer Steigung, die aus den Ergebnissen des Abschnitts 2.2. für einen halbkreisförmigen Riß konservativ mit $(dc/da)_{End} = 2$ abgeschätzt ist. Im Vergleich dazu ist gestrichelt eine Abschätzung eingetragen, die nur auf der Endsteigung fußt. Die unter diesen Voraussetzungen bei einem Leck maximal auftretende Rißbreite $(c/t)_{End}$ ist damit :

$$\begin{aligned}(c/t)_{End} &= (c/t)_o + ((a/t)_T - (a/t)_o) + \\ &\quad + (1 - (a/t)_T)\,(dc/da)_{End} = \qquad (4.:1)\\ &= (c/t)_T + (1 - (a/t)_T)(dc/da)_{End}\end{aligned}$$

wobei $(\;)_T$ die zur Trennkurve gehörigen Werte sind, oder gröber vereinfacht :

$$(c/t)_{End} = (c/t)_o + (1 - (a/t)_o)\,(dc/da)_{End} \qquad (4.:2)$$

Einer Verallgemeinerung dieser Aussagen stehen allerdings einige Hindernisse im Weg :

- Das Auftreten starker Spannungsgradienten infolge von überlagerter Biegung, von Eigen- Thermospannungen kann zu so hohen Faktoren $(dc/da)_{End}$ führen (vgl. z.B. Tabelle 2.3:T1, Belastung III, Halbkreis, $a/t = 0{,}8$, $(dc/da)_{End} > 8$), daß diese Abschätzung zu ungenau wird
- Die Annahme des Brucheinsatzes an den Enden der Halbachsen ist bestenfalls näherungsweise erfüllt; es sind die Nachweise zu erbringen, daß
  - die Extremwerte der Korrekturfunktionen $M(\Phi)$ auch bei anderen Belastungsbedingungen, bei $\Phi = 0°$ oder $90°$ auftreten
  - der Bruchwiderstand entlang der Kontur konstant ist oder bei vorhandener Ortsveränderlichkeit die Extremwerte der Summenfunktion $K_I(\Phi) + K_I^c(\Phi)$ bei $\Phi = 0°$ oder $90°$ liegen.

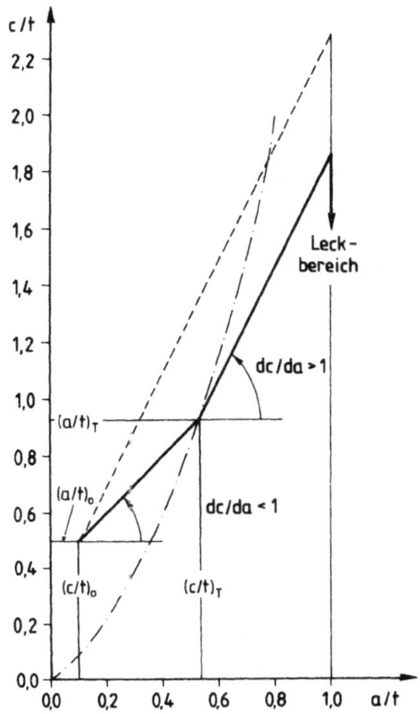

Abb. 4:8 : Leck-vor-Bruch-Bedingung für einen Riß unter konstanter bis leicht abfallender Zugspannung

Der letzte Nachweis wird in der Regel am schwierigsten zu führen sein. In neueren Untersuchungen [7, 8] wird eine Quantifizierung über den Rißschließeffekt vorgenommen. Aufgrund der in Abschnitt 3.2. berichteten Ergebnisse wirkt sich dieser Effekt bei vorausgesetzter Werkstoffisotropie positiv auf die Leckbildung aus, weil der Bruchwiderstand in Seitenrichtung höher ist.

- Die Vernachlässigung von Zeiteffekten. Bei ausgeprägter Zeitabhängigkeit sind gesonderte Untersuchungen unumgänglich.
- Die Vernachlässigung korrosiver Effekte. Bei langsamer Ausbreitung kann korrosionsgestützt das Breitenwachstum von Rissen wegen günstigerer Angriffsmöglichkeiten verstärkt auftreten.
- Die Einschränkung auf elastisches Werkstoffverhalten.

Bei elastisch-plastischem Materialverhalten sind anhand der Abschnitte 2.1., 2.3. und aufgrund der bisherigen Ergebnisse des Abschnitts 3.2. nur einige Tendenzen aufzeigbar.

Anknüpfend an die Ergebnisse von McMeeking und Parks (2.1. [21]) ist zu erwarten, daß mit zunehmender Plastifizierung der Constraint in Tiefenrichtung abgebaut wird und damit der Widerstand gegen Bruchausbreitung ansteigt. Da wegen des zweiachsigen Spannungszustands in unmittelbarer Oberflächennähe ein ähnlicher Effekt auftritt, ist das Rißwachstum - bei etwa konstanter Anlieferung $J_{Anlieferung}(\Phi)$ entlang der Kontur - im Winkelbereich um $\Phi \approx 60°$ bevorzugt.

Bei reinem Grenzlastverhalten beinhalten die von Erdogan angegebenen Versagenskurven "zumindest theoretisch, (2.3. [18])" die Möglichkeit, daß die Leckbildung vor dem Versagen eintritt. In diesem Bereich sind allerdings eventuelle Reserven ohnehin äußerst eng begrenzt.

4.3. Literatur : Abschnitt 4

[1] Zeibig, H., Grüter, L., Fortmann, M., "Bruchmechanische Beurteilung des Strukturmaterials schneller Brüter", 7. MPA-Seminar, Stuttgart, 1981, S. 1 - 27

[2] Hahn, H., "Auslösung und Ausbreitung von Rissen in Rohren unter ruhender Innendruckbeanspruchung", Stahl und Eisen 93, 1973, S. 204 - 208

[3] RSK-Leitlinien für Druckwasserreaktoren, 2. Ausgabe, 1979

[4] Kußmaul, K., Blind, D., Schellhammer, W., "Werkstoffauswahl - Werkstoffzulassung", Werkstoffe, Fertigung und Prüfung drucktragender Komponenten von Hochleistungsdampfkraftwerken, K. Kußmaul, Ed., Vulkan Verlag, Essen, 1981

[5] Kußmaul, K., "Die Einordnung des Zug- und Kerbschlagbiegeversuchs in ein experimentell abgesichertes praxisbezogenes Bruchmechanikkonzept", 7. MPA-Seminar, Stuttgart, 1981, S. 1 - 52

[6] Schoch, W., Krägeloh, E., Diskussion zum Vortrag "Überprüfung der bruchmechanischen Beziehung zwischen Spannung, Spannungsintensitätsfaktor K_{Ic} und Rißabmessungen durch Berstversuche an zylindrischen Hohlkörpern" , VGB-Werkstofftagung, 1971, S. 64 - 70

[7] Jolles, M., Tortoriello, V., "Geometry Variations During Fatigue Growth of Surface Flaws", ASTM STP 790, 1982, to be published

[8] Jolles, M., Tortoriello, V., "Effects of Constraint Variation on the Fatigue Growth of Surface Flaws", 15th National Symposium on Fracture Mechanics, 1982

Zusammenfassung

Um den Grad der Gefährdung eines Bauteils durch das Vorhandensein von Oberflächenrissen bewerten zu können, werden in der vorliegenden Arbeit bruchmechanische Hilfsmittel bereitgestellt.

Zur Überprüfung der Zuverlässigkeit und Aussageschärfe der verwendeten Methodik werden folgende drei Zugänge benutzt :

- die Analyse der örtlichen Beanspruchungssituation entlang der Rißkontur
- die Analyse von Brucheinsatz und -ausbreitungskriterien
- die vergleichende Betrachtung von numerisch-analytischen Ergebnissen mit experimentellen Untersuchungen.

Als Beurteilungsmaß dient die widerspruchsfreie Beschreibung der experimentell vermessenen Ausbreitungscharakteristiken von Oberflächenrissen.

Da sich das Nahfeld der Beanspruchung solcher Risse bei überwiegend elastischem Werkstoffverhalten durch die Angabe von Spannungsfaktorverteilungen beschreiben läßt, bildet eine Zusammenstellung derartiger Verteilungen für verschiedenste Geometrie- und Lastbedingungen die Ausgangsbasis. Der Verwendung einer skalaren Größe wie des Spannungsfaktors als Kriterium zum Beschreibung von Brucheinsatz und -ausbreitung sind jedoch umso engere Grenzen gesetzt, je komplexer die Rißgeometrie ist. Um einer leichtfertigen Anwendung des Konzepts für sicherheitstechnische Voraussagen vorzubeugen, ist deshalb das besondere Anliegen dieser Arbeit aufzuzeigen, welche zusätzlichen

Einflußgrößen für das Bruchgeschehen mitbestimmend sind. In diesem präzisierenden Sinn wird die Veränderlichkeit der örtlichen Mehrachsigkeit des Beanspruchungszustandes als eine Ursache für die Variation des Bruchwiderstandes entlang der Rißkontur untersucht und experimentell belegt. Die daraus resultierenden Auswirkungen auf das Ausbreitungsverhalten von Oberflächenrissen sind von weitreichender technischer Bedeutung, insbesondere im Hinblick auf die Analyse eines Leck- vor Bruchverhaltens.

Als Grundlage für diese Arbeit dienen Ergebnisse, die in vielfältiger, erfreulicher Zusammenarbeit mit meinen Kollegen im IWM gewonnen wurden. Ihnen allen danke ich herzlich.

Für die Anregung zu und fördernde Kritik bei der Ausarbeitung des Manuskriptes gilt mein besonderer Dank den Herren Professoren Macherauch, Munz und Schnack.

Die Untersuchungen wurden durch die Arbeitsgemeinschaft industrieller Forschungsvereinigungen, die Deutsche Forschungsgemeinschaft und das Bundesministerium für Forschung und Technologie gefördert.

Sachwortregister

Materials Research and Engineering

Edited by B. Ilschner

Springer-Verlag has started a series - *Materials Research and Engineering.* Devoted to the science and technology of materials, it evolved from the series "Reine und angewandte Metallkunde", which Werner Köster edited until his eightieth birthday in 1976.

The present series can and should not be regarded as a mere continuation of the earlier one, however. There has been a shift of scope - and a change in presentation as well. Metallurgy is no longer an isolated art and science. Rather, it is linked by its scientific basis and technological implications to non-metallic and composite materials, as well as to production, refining, shaping surface treatment, and application processes. *Materials Research and Engineering* presents up-to-date information on scientific and technological progress, as well as on issues of general relevance within the engineering field and industrial community.

The premier volume provides the reader with a very general outlook, in fact, a position analysis of materials and the materials industry within the framework of our contemporary technological environment. It ventures, moreover, to forecast the changes affecting this pattern in a dynamic, interdependent world. This may be an unusual way to start a scientific series - it is believed, nevertheless, to be an appropriate one.

New aspects have been introduced to the scientific community in recent years. Sometimes embarrassing, sometimes stimulating, they are in any case important: limits-to-growth, resources, responsibility, and others. While creative thinking is in demand more than ever before, a new conciousness of the consequences of boundless creativity has emerged. Volume 1 focuses attention on this new responsibility, on the interrelations and interactions between different fields of technology and between different areas of our world. This focus will help set the stage for subsequent volumes on representative subjects in the broad field of technological innovation and scientific progress. For this reason, its topic is felt to be appropriate as setting a stage - which will be followed by books that represent the broad field of technological innovation and scientific progress, for example volume 2 under the title *Superplasticity.*

Springer-Verlag
Berlin
Heidelberg
New York
Tokyo

GPSR Compliance

The European Union's (EU) General Product Safety Regulation (GPSR) is a set of rules that requires consumer products to be safe and our obligations to ensure this.

If you have any concerns about our products, you can contact us on ProductSafety@springernature.com

In case Publisher is established outside the EU, the EU authorized representative is:

Springer Nature Customer Service Center GmbH
Europaplatz 3
69115 Heidelberg, Germany

Batch number: 10704763

Printed by Printforce, the Netherlands